龙爪槐蒸腾的热技术监测及模拟

谢恒星　张振华　著

科学出版社

北京

内 容 简 介

水分是影响树木生长的重要条件和基础,研究植物的水分利用尤其是蒸腾作用对于了解植物的生命活动及植物与环境之间相互作用的生态关系至关重要。科学分析和研究主要造林树种耗水与需水规律,对现有植被树种合理搭配、科学布局和未来植被的科学建设,更好地解决林水之间的矛盾有重大的理论和现实意义。本书探讨了龙爪槐树叶、枝条和植株之间的蒸腾耗水关系,分析了龙爪槐蒸腾的日、月际蒸腾规律,比较了不同数学方法在龙爪槐蒸腾模拟中的适用性,并研究了龙爪槐蒸腾相对于环境因子的时滞效应。

本书可以作为林业、农业管理类科技人员的参考用书。

图书在版编目(CIP)数据

龙爪槐蒸腾的热技术监测及模拟/谢恒星,张振华著.—北京:科学出版社,2016.3

ISBN 978-7-03-047671-5

Ⅰ.①龙… Ⅱ.①谢… ②张… Ⅲ.①龙爪槐-蒸腾作用-监测 ②龙爪槐-蒸腾作用-模拟 Ⅳ.①S687

中国版本图书馆 CIP 数据核字(2016)第 049562 号

责任编辑:祝 洁 亢列梅 霍明亮/责任校对:何艳萍
责任印制:徐晓晨/封面设计:红叶图文

科 学 出 版 社 出版
北京东黄城根北街 16 号
邮政编码:100717
http://www.sciencep.com

北京中石油彩色印刷有限责任公司印刷
科学出版社发行 各地新华书店经销

*
2016 年 3 月第 一 版 开本:720×1000 B5
2016 年 3 月第一次印刷 印张:6 7/8
字数:102 000

定价:85.00 元
(如有印装质量问题,我社负责调换)

前　　言

土壤-植物-大气系统(SPAC)是地球表层中能量转化和物质循环最为强烈的部分。在影响植物生命活动的各种生态因子中,水分是主要限制因子。表征植物水分变化特征的指标包括蒸腾强度、蒸腾量、蒸腾耗水变化规律,环境因子的变化影响上述指标的变化。而植物蒸腾、土壤蒸发(合称蒸散)在水分运动过程中又占有极为重要的地位。

蒸散发既包括地表和植物表面的水分蒸发,也包括通过植物表面和植物体内的水分蒸散。Rosenberg 等(1983)指出,降落到地球表面的降水有 70％通过蒸发或蒸散作用回到大气中,在干旱区这个数值可达到 90％。可见蒸发和蒸散是水文循环的一个重要组成部分,同时由于水分变成气体需要吸收热量,因此蒸发和蒸散也是热量平衡的主要项。地表热量、水分收支状况在很大程度上决定着地理环境的组成和演变,清楚地认识蒸散发,对于了解大范围内能量平衡和水分循环具有重要意义,能使我们更深入地认识陆面过程,可以正确评估气候和人类活动对自然和农田生态系统的影响。

蒸腾作用是植物以蒸汽的形式散失水分的过程。水分从植物叶片散失是一个包括物理机理的叶片生物学特性的过程。原则上,蒸腾作用是一个简单的过程,但实际上,因为叶片的特性和行为的复杂性,它是一个十分复杂的现象。对蒸腾作用有重要影响的环境因子,通常认为有太阳辐射、气温、风速、相对湿度和土壤水分。研究植株蒸腾的动态变化及预测模型,不但能掌握植株蒸腾耗水规律、揭示环境因子对植物水分生理变化的影响,而且还可以利用环境因子参数预测植株蒸腾耗水量,为选择树种、合理规划林种配置、适时适量供水和节约用水提供科学的理论依据。

本书利用基于热平衡原理的包裹式茎流测量系统和自动气象站测量了龙爪槐的蒸腾动态变化和同步微环境因子,利用单因子分析及多元线性回归、逐步回归、主成分分析、ARIMA 和 BP 人工神经网络等模型对蒸腾预测模型进行了系统研究,分析了各种模型的预测精度;利用便携式光合作用测量系统测量了叶片蒸腾,分析了植株蒸腾与树枝液流和叶片蒸腾之间的关系;研究了蒸腾相对于环境因子的时滞,探讨了在考虑时滞条件下预测模型的精度变化。

全书由谢恒星撰写,张振华教授统阅了书稿,对书稿的章节安排提出了调整意见,并对每一章节的撰写内容进行了补充说明,尤其强调了植物蒸腾相对于环境因子的时滞分析的重要性及写作要点。

本书出版得到了国家自然科学基金项目"曝气滴灌水气传输机制与滨海棉田土壤-植物系统响应"(41271236)、西北农林科技大学旱区农业水土工程教育部重点实验室访问学者项目、陕西省多河流湿地生态环境重点实验室开放基金项目"黄河滩地大荔段沙化土化学改良效果研究"(SXSD1411)及山东省高等学校优势学科人才团队培育计划项目"蓝黄两区滨海资源与环境团队"的大力支持,在此表示感谢。

限于作者水平有限,疏漏和错误之处难免,敬请读者批评指正。

作　者

2015 年 12 月于渭南师范学院

目　　录

第1章 绪 论

1.1 植物蒸腾的研究意义

1.1.1 研究背景

随着我国社会经济的不断发展，水资源短缺和水环境恶化等问题表现得越来越突出。虽然我国水资源总量约为 $2.81 \times 10^{12} m^3$，其中河川径流量占 96%，但天然水资源条件很差，开发利用难度大。农田缺水干旱每年已达 $2.8 \times 10^7 hm^2$ 左右，因缺水而少产粮食 $(7\sim8) \times 10^{10} kg$。目前缺水形势已从我国北方蔓延至全国，并且缺水程度还在进一步加剧。按 1997 年人口统计，我国人均水资源量为 $2220m^3$，预计到 2030 年我国人口增至 16 亿时，人均水资源量将降到 $1760m^3$，已经逼近国际上公认的 $1700m^3$ 的严重缺水的警戒线！因此，我国未来水资源的形势是十分严峻的（中国工程院重大咨询项目组，2001）。由于缺水导致过量引用地表水和超采地下水，致使旱季常发生河流干枯断流，地下水位大幅度下降，产生严重的生态环境问题，严重影响工农业的发展。除了开源以外，节约用水则是解决当前水资源紧缺的首要途径（康绍忠，1999）。

1.1.2 研究意义

植物蒸腾在土壤-植物-大气连续体（SPAC）水热传输过程中占有极为重要的地位，一直是农学、林学、气象学、水文学、生态学等相关学科及领域共同关注的重要课题之一（孟平等，2005；罗中岭等，1996）。研究表明，1 株玉米一生通过蒸腾散失的水分大约为 200kg，木本植物的蒸腾量更为惊人：1 株 15 年生的山毛榉盛夏每天蒸腾失水约 75kg，而有 20 万张叶片的桦树夏季每天蒸腾散失的水分竟高达 200～400kg（郝建军等，2005）。因此，科学分析和研究植物耗水与需水规律，精确建立蒸腾耗水与环境因子之间的关系，利用环境因子预测植物耗水量从而适时适量地为植物供水，对于选择节水植物、合理搭配植被、提高植物的生长状况，解决水分供需矛盾有重要的指导意义。在众多植被之中，植株的蒸腾耗水占有植物耗水的很大比重。植株的蒸腾耗水量是植树造林设计与环境水分研究的重要水分参数，国内外由于这个问题考虑不周而导致的环境恶化事例已屡见不鲜（Dye，1996；Calder，1992；Poore et al.，1985）。植物液流是指由于蒸腾引起的植物体内的上升流，树干是液流流通的咽喉部位。研究表明，植物根部吸收水分的 99.8% 耗于蒸腾，因此通过精确测定树干的液流基本可以反映植物的蒸腾耗水量。植物蒸腾是将土壤、大气联系在一起的中间介质，土壤、大气因子与蒸腾之间建立关系正好反映了地理学的多学科、多层次融合交叉的特点，而且植物液流的动态也反映了地理学的时间尺度研究。

1.2　植物蒸腾的研究进展

1.2.1　植株蒸腾的测量方法及研究进展

蒸腾是指水分以蒸发的方式通过气孔自植物中消失，蒸腾作用是植株、乔灌木树种叶片（或茎叶）的气孔向外界扩散水分的过程（张国盛，2000）。与物理学的蒸发过程不同，蒸腾作用不仅受外界环境条件的影响，而且还受植物本身的调节和控制，因此它是一种复杂的生理过程。植物幼小时，暴露在空气中的全部表面都能蒸腾。蒸腾作用的生理意义有下列三点：一是蒸腾作用是植物对水分吸收和运输的一个主要动力，特别是高大的植物；二是由于矿质盐类要溶于水中才能被植物吸收和在体内运转，既然蒸腾作用是对水分吸收和流动的动力，那么，矿物质也随水分的吸收和流动而被吸入和分布到植物体各部分中去。所以，蒸腾作用对水分、矿物质在植物体内运输都是有帮助的；三是蒸腾作用能够降低叶片的温度。太阳光照射到叶片上时，大部分能量转变为热能，如果叶子没有降温的本领，叶温过高，叶片会被灼伤。蒸腾作用能降低叶片的温度。

叶片的蒸腾作用有两种方式：一是通过角质层的蒸腾，称为角质蒸腾（cuticular transpiration）；二是通过气孔的蒸腾，称为气孔蒸腾（stomatal transpiration）。角质层本身不易让水通过，但角质层中间含有吸水能力强的果胶质，同时角质层也有孔，可让水分自由通过。角质层蒸腾和气孔蒸腾在叶片蒸腾中所占的比重，与植物的生态条件和叶片年龄有关，实质上也就是和角质层薄厚有关。阴生和湿生植物的角质蒸腾往往超过气孔蒸腾（张继澍，1999）。

从 20 世纪 60 年代开始，国外陆续提出了多种植株蒸腾耗水量测定方法（Anfdillo et al.，1993；Diawara et al.，1991）。由于受到环境等多种因素的制约，每一种测量方法各有其优缺点。随着技术的不断发展，测定方法逐渐得到更新和完善。总体来看，植株蒸腾耗水量研究大体上可分为 20 世纪 60 年代以前的早期研究、20 世纪 70～80 年代迅速发展和 20 世纪 90 年代到现在逐步完善 3 个阶段（孙鹏森等，2002）。

1. 早期研究阶段

早期的植株蒸腾耗水量测定方法主要是快速称重法（fast weighing method），包括盆栽苗木称重法（potted plant method）。快速称重法的技术原理为：如果枝叶离体短时间内蒸腾改变不大，则可剪取枝叶在田间进行两次间隔称重，用离体失水量和间隔时间换算蒸腾速率，代表正常生长状况下的蒸腾速率。这种测定方法简便易行。快速称重法适用于在不同的时间、不同的天气条件下对不同树种的蒸腾量进行比较，对针叶、鳞叶、退化叶和肉质植物同样有效，测量时对影响植物蒸腾的环境生态因素基本上也不产生影响，因而适应性广；缺点在于测定的间断性：在测定过程中必须将枝叶与树体分离，取叶次数增多将影响植株生长，尤其对幼树的影响非常明显。早在 20 世纪二三十年代就有许多学者发现当枝条被剪断后蒸腾速率有突然升高、而后连续下降的现象。对这种现象的一种解释是，剪断后解除了导管等输水组织中水柱的张力，因而突然地提高了枝条组织中的水势，促进了蒸腾作用。但许多试图消除这种突变的尝试仅仅取得部分成功，并未得到一个满意的结果。很多学者在不同地区对不同的植物进行的研究证实，这种现象并不具有普遍性，结果也千差万别。显然，在使用快速称重法测定植物的蒸腾速率时，枝条蒸腾速率的变化是必须考虑的（郭柯等，1996）。

　　盆栽苗木称重法虽然克服了由于离体测定产生误差的缺点，可以人为地控制土壤水分测定不同水分梯度下苗木的蒸腾量，估算苗木的耗水量，但此方法的局限性在于受苗木和叶片年龄的限制，只能测定幼苗或较小的苗木。此外，对于气象因素和自然状态的林分结构无法进行人为的控制和模拟（郭孟霞等，2006）。段爱国等采用快速称重法对金沙江干热河谷 28 种植被恢复树种盆栽苗蒸腾耗水规律进行研究，为干热区造林树种选择及配置提供了理论与实践依据（段爱国等，2009）。邱权等采用盆栽苗木称重法和 Li-6400 光合系统测定方法分别测定尾巨桉和竹柳苗木在不同土壤水分条件下耗水量、耗水速率和苗木不同生长期叶片净光合速率、蒸腾速率和水分利用效率，分析、评价其在不同土壤水分条件下水分消耗特点和节水能力差异以及苗木在生长期水分利用规律，为正确评价这两种速生树种水分消耗和利用特点提供理论支持，并为科学审视速生树种人工林水资源消费问题提供参考（邱权等，2014）。

　　水量平衡法的基本原理是根据计算区域内水量的收入和支出的差额来推算植物蒸发蒸腾量，属于一种间接的测定方法。水量平衡方程式如下所示：

$$P_e + I + W - ET - D = \Delta W \qquad (1\text{-}1)$$

$$P_e = P - R = \alpha P \qquad (1\text{-}2)$$

式中，P_e 为有效降水量；I 为灌溉水量；W 为地下水补给量；ET 为植物蒸发蒸腾量；D 为深层渗漏量；ΔW 为阶段内土壤含水量的变化；P 为实际降水量；R 为地表径流损失量；α 为降水入渗系数，其值与一次降水量、降水强度、降水历时、土壤性质、地面覆盖及地形等因素有关（康绍忠等，1994）。

水量平衡方程式中涉及的分量较多，而且有的分量准确测定较困难，例如，地下水补给量、深层渗漏量，因此，可以根据各地具体情况对式（1-1）和式（1-2）进行不同程度的简化。地下水补给量与地下水埋藏深度、土壤质地、土壤深度、植物种类、计划湿润层含水量等有关，它可以根据地下水观测资料来确定（康绍忠等，1994），但当地下水埋深非常深时，通常予以忽略（Rana et al.，2000）。深层渗漏量能否忽略，要考虑土壤的深度、坡度、渗透性、浅层储水量以及气候等因素（Jennen et al.，1990），在干旱或半干旱地区，深层渗漏量常可以忽略（Holmes，1984）。

水量平衡法中，土壤含水量的测定影响较大。目前，常用的土壤水分测定方法主要有3种：取土烘干法、中子仪测定法、时域反射仪测定法（王笑影，2003）。取土烘干法是其他土壤水分测定方法的基础和依据，方法简单，精度高，但不能连续定位观测；中子仪测定法多用于科研，且测定深度小于20cm的表层土壤含水率时，测值的重复性和稳定性较差（李宝庆等，1991）；时域反射仪测定法比较先进，能够连续、快速地对土壤水分进行定位观测，且无辐射，对土壤结构不会起破坏作用（龚元石等，1998），所测表层土壤含水率比中子仪测定法精度要高得多（逄春浩，1994）。

水量平衡法是测定植物蒸发蒸腾量最基本的方法，常用来对其他测定或估算方法进行检验或校核。它适用于非均匀下垫面条件和各种天气条件，不受微气象学法中诸多条件的制约（左大康，1991）。该法的另一个优点是充分考虑了水量平衡各个要素间的相互关系，遵循物质不灭原则，可以宏观地控制各要素的计算，计算误差较小（王安志等，2001）。这种方法也存在一些不足之处，它要求水量平衡方程中各分量的测定值足够精确，且要弄清计算区域边界范围内外的水分交换量，而这些又往往难以做到很精确。这种方法用于测定一小块地或一个小流域时精度较高；但当流域较大时，计算的区域边界很难确定，流域内雨量站分布不均等容易导致计算精度降低。另外，这种方法得到的只是一个时段内（通常一周以上）流域总的蒸发蒸腾量，因而不能反映蒸发蒸腾量的动态变化过程。

2. 迅速发展阶段

蒸渗仪法（lysimeter method）是 Fritschen 等于 1937 年根据水量平衡原理设计的一种测量蒸腾的方法，此方法可以同时测定林地的蒸发和植物的蒸腾。在测定植株蒸腾耗水时，对于土壤和水系统的微小变化非常敏感，测定精度高。大型的蒸渗仪能够精确地连续测定植株蒸腾耗水，结合其他测定方法能够更好地描述植株整株蒸腾耗水和生理特征。目前，蒸渗仪已遍布世界各地，并且已发展成拥有各种不同类型的系列产品，采用各种技术方法改进了对蒸发蒸腾量的测定（孙景生等，1993）。蒸渗仪主要有三种类型：第一种是非称重式蒸渗仪，它通过各种土壤水分测量技术测定土壤水分变化，用可控制的排水系统来定期测定排水量；第二种是飘浮式蒸渗仪，它是以静水浮力称重原理为基础，将装有土柱的容器安装在漂浮于水池中的浮船上，组成漂浮系统，当土柱中的水分增减而引起重量变化时，装有土柱的容器在水池中的沉没深度也将发生变化，故测出土柱容器的沉没值，便可计算土柱的蒸发蒸腾量（裴步祥，1985）；第三种是称重式蒸渗仪，其下部安装有称重装置测定失水量，先进的蒸渗仪具有很高的精度，可以测定微小的重量变化，得到短时段内的蒸发蒸腾量。

在国外，从 20 世纪 60 年代开始采用蒸渗仪直接测定植物的蒸发蒸腾量。Singh 等用四个称重式蒸渗仪和两个非称重式蒸渗仪及蒸发皿估计了小麦的蒸发蒸腾（Singh et al.，1993）。Hatfield 等总结了蒸发蒸腾的测量方法，认为蒸渗仪是测量蒸发蒸腾最有代表性的方法，尤其对于校正涡度相关法、波文比法、能量平衡法、土壤水量平衡法等（Hatfield et al.，1983）。Allen 等用飘浮式蒸渗仪测定了水生植物的蒸发蒸腾（Allen et al.，1992）。Terry 等用称重式蒸渗仪测量了玉米的蒸发蒸腾，研究了蒸发蒸腾与产量、水分利用率的关系（Terry et al.，1998）。Tolk 等用 48 台称重式蒸渗仪研究了 3 种高原土壤下玉米的蒸发蒸腾与产量的关系（Tolk et al.，1998）。Tyagi 等用称重式蒸渗仪测量了水稻、向日葵每小时的蒸发蒸腾量（Tyagi et al.，2000）。

经过多年验证后蒸渗仪已成为一种准确的测定方法而被广泛应用（樊引琴，2001）。中国科学院地理科学与资源研究所于 1983 年引进一台机械蒸散计，用于研究田间冬小麦的地气交换，已取得了一批可利用的资料（黄子琛等，1998）。1984～1987 年黄子琛等采用中国科学院兰州沙漠研究所装置的 18 台电子蒸散计逐日测定了甘肃河西干旱区春小麦和夏玉米生育期的蒸发蒸腾，取得了初步的结果，为河西农业灌溉制度的完善和水土资源开发利用的规划提供了基础资料。1985 年中国科学院禹城综合试验站安装了 1 台面积为 3m²、深度为 2m 的大型原状土自动称重土壤渗漏仪。谢贤群于 1986～1988 年集中了水文、气象、土壤、植物生理和遥感技术等多学科的测定农田蒸发的手段，进行了连续 3 年的农田蒸发观测试验，取得了大量的数据资料，为综合评价和确定适宜的农田蒸发测定方法和模式以及研究各种作物田上的农田蒸发耗水规律，提供了有意义的试验依据（谢贤群，1990a）。1992 年柯晓新用兰州干旱气象研究所研制的大型称重式蒸渗计测定了春小麦的逐日实际蒸发蒸腾量。结果表明：在降水基本正常的年份，农田水分收支基本平衡，农田休闲期蒸发耗水约占期间降水的 70%；旱作小麦的实际蒸散耗水峰值期与小麦生理需水峰值期并不一定吻合。与有灌溉条件的春小麦相比，旱作小麦平均日蒸散量偏小。各生育期的平均叶面积系数与平均日蒸散强度存在较好的线性关系。冯金朝等用中国科学院兰州沙漠研究所设计安装的称重式蒸散仪系统（称重限量为 3000kg，容器面积为 2.4m²，深度为 1.0m）测定了河西走廊临泽北部绿洲春小麦的蒸发蒸腾。研究表明：春小麦蒸发蒸腾受环境条件、土壤水分状况和小麦叶片气孔的综合调控。甘肃河西地区辐射强烈，与春小麦蒸发蒸腾具有高度相关性（$r>0.95$），决定了该地区作物的高耗水特性。土壤水分条件在水势为 -0.01～0.1MPa 时，春小麦蒸发蒸腾受气象条件影响和小麦叶片气孔调节的作用较大；当土壤水势降至 -0.3～1.5MPa 时，叶片气孔开始关闭，太阳辐射对春小麦蒸发蒸腾的作用明显减弱（相关系数 $r<0.31$）。土壤水分条件的恶化是影响春小麦生长和蒸发蒸腾的主要限制因子（冯金朝等，1995）。王会肖等用安装在华北平原栾城农业生态系统试

验站的重 12t、面积为 3m^2、深 2.5m 的大型称重式蒸渗仪（精度为 0.02mm）对小麦和玉米的蒸发蒸腾量进行了研究，并利用 WAVES 模型进行模拟（王会肖等，1997）。1991～1993 年甘肃省治沙研究所郭志中等采用非称重式渗漏型蒸渗仪测定了民勤绿洲沙地西瓜、白兰瓜全生育期的蒸发蒸腾量，分析了各因子对蒸发蒸腾的影响，对西北干旱地区节约用水，提高水资源的利用率具有重要意义。

蒸渗仪的特点是：①可使器内的土壤特性与器外大田保持一致；②它的面积和深度大，可保证作物根系自由生长，使器内植株的数量和植物冠丛的结构、生理生态特征可与器外大田作物十分近似；③有优良的称重系统，很高的分辨率和精度，可以自动记录各时段的重量变化，求出短时段内的蒸发蒸腾量。但室内植物的代表性对测定结果有影响，且根部周围的土壤体积有限，水分运动受到限制。体积式蒸渗仪可用来测定生长季植株蒸腾耗水量，但测定林分总蒸散耗水量存在困难（司建华等，2005；魏天兴等，1999）。

风调室法（ventilated chamber method）或封闭大棚法由 Greenwood 和 Beresford（1979）最早提出并应用于蒸散的测定。该方法的原理是通过测定风调室气体的水汽含量差以及室内的水汽增量来计算蒸散量（马玲等，2005a）。风调室法国外应用较广，设计上有很多种，最大的风调室可容纳高度大于 20m 的植株。但不适于大面积应用，而且室内环境指标尤其是水蒸气压亏缺与自然条件相比较有很大的差别（Wullschleger et al.，1998），所得到的测定结果只代表蒸散的绝对值，不能代表实际的结果（王安志等，2001）。因此，该方法的应用受到了很大的限制。

1960 年，Ladefoged 提出了整树容器法（whole-tree potometer method）。该法的具体操作是：在晴天选取样株，于凌晨从地面处锯断树木，原地移入盛水的容器中，尽量不破坏周围小气候环境，用测针在容器边作水位指示，加水至指针水位。由于植株蒸腾的进行，树干断面吸入水分，杯内水位不断下降，定期向杯内加水至指示水位，并记录注水量，即为该时段的树木蒸腾耗水量，然后结合样树叶面积换算出蒸腾速率（刘奉觉等，1997）。之后，Roberts（1977）和

Knight 等（1981）利用此方法分别对 10m 高的欧洲赤松和 100 年生的小干松植株的蒸腾量进行了测定。此方法简单易行，但苗木是处于整树离体的状态，发生一系列的生理变化，且水分供应充足，测定结果与有根系的苗木蒸腾有差距，可以作为校正值做同步性研究（巨关升等，1998）。

化学示踪法（geochemical trace method）是 Greenidge 于 1955 年提出的，利用一些化学元素如氚（Tritium）、氘（Deuterium）、32P 等元素作为示踪剂，定期注射于林木木质部内以研究水分传导速率的方法。具体操作方法为，在待测林木树干基部打孔，用移液管或注射器将氚水注入，然后用橡皮泥将孔口封死，按照一定的时间间隔在树冠中部选一生长势较强的枝条，在其顶端套一密封的塑料袋，取袋中的凝结水做样液进行放射性活度测定，计算待测林木的日均蒸腾速率（陈杰等，1990；田砚亭等，1989）。1970 年 Kline 等将放射性同位素氚水作为示踪剂，对单株植株的蒸腾量进行测定（Kline et al.，1970）。1985 年捷克学者 Simon 等用氚示踪法测定蒸腾。满荣洲等（1986）、陈杰等（1990）分别用氚水作为示踪剂测定了华北油松林、红松、柞树蒸发和蒸腾，认为该方法比较方便，具有应用价值，但在野外应用不太方便，容易受到校正的限制而无法得到植物耗水的季节性模型。1986 年，Calder 等利用稳定性同位素氘研究耗水速度，该方法克服了放射性示踪法氚所存在的校正限制，成为 20 世纪 70～80 年代测定林木蒸腾的一种新方法，此项研究方法一般与能量关系的研究同时进行。在生长季内逐日对林内水面蒸发，空气温度、湿度的垂直分布进行测定。田砚亭等用该法测定了 33 年生油松人工纯林的蒸腾量，并与水分平衡法和能量平衡法的结果进行了比较。结果表明，氚水示踪法是野外测定林木蒸腾的一种有效方法，较为方便，不需要实测生物量来推算林分总蒸散，是一种切实可行的简便方法（田砚亭等，1989）。

3. 逐步完善阶段

20 世纪 90 年代以后，植株耗水特性的测定方法主要以热脉冲法

(heat pulse velocity method)、热平衡法（heat balance method）、热扩散法（thermal diffusion method）、气孔计法（porometer method）、微气象法（micrometeorological method）、遥感法（remote sensing method）和 SPAC 法为主。同时，稳定性示踪物（氘）也得到了相应的发展。

1）热平衡法

热脉冲法和热扩散法都是利用了热平衡法原理，即向树干供给恒定的热量，在理想状态下，被树体液流带走的热量应等于供给的热量。其优点是可以直接给出液流量，但仍然需要以液流量等于零时的加热功率及温度变化为依据进行零值校正（罗中岭，1997）。德国物理学家 Huber 最早提出了利用热传递示踪液流速度的设想，利用安装在树干上的一个热电偶感应到了在它下部电阻线上发出的一个热脉冲。其原理是用热脉冲加热树液，上下两个探针测定温度变化，并转换为液流速率，断面流速再积分成为断面流量。热脉冲法能基本保持树木的自然生活状态不变而获得对树木蒸腾指标的度量，曾被 Zimmerman 称为"最美妙的测定液流速率的方法"（李海涛等，1998）。但该方法在液流量比较小时测得的结果误差较大，热脉冲探针价格也较昂贵，不是最佳的方法。1958 年 Marshall 对 Huber 的设计进行了改进，使热波速法适用范围扩大到测量任意茎流速度，提出了一个物理模型来解释热脉冲的速度明显低于导管中液流速度的现象，认为热脉冲在由树液和木质组成的均一介质中，热量可以在木质和树液之间自由交换。但 Marshall 并没有完全解释热波速法测定结果比实际结果偏低的现象（Marshall，1958）。Swanson 等对热波速法的误差进行了分析，指出由于热探头插入过程对树干造成损伤而阻碍了液流通过的原因（Swanson et al.，1981）。Ewards 总结了以上学者的理论，提出了二次曲线的径向干流模型。Ewards 认为自植株形成层开始，液流的速度随边材深度的分布呈二次曲线关系，并编制了相应的计算拟合软件。

2000 年，孙鹏森等在此基础上研制的热脉冲速度记录仪数据采集器连同软件一起构成完整的热脉冲式液流测定系统（孙鹏森等，2000）。国内许多学者也先后应用热脉冲技术进行了大量的研究工作，为植株耗水性研究奠定了理论基础。极具代表性的有：杨树树干液流动态（高岩等，2001；刘奉觉等，1993）、棘皮桦和五角枫的树干的液流动态（李海涛等，1998）。刘发民采用校准的热脉冲技术来测定阿勒颇松树树干液流动态，并用树干液流量作为植株蒸腾耗水的估算值，研究分析植株蒸腾耗水与大气蒸发量之间的关系（刘发民，1996）。2001年,高岩等对小美旱杨的树干液流速度进行了测定（高岩等，2001）；2005年，白云岗等测定了胡杨液流变化规律（白云岗等，2005）。热脉冲法测定结果比较准确，适用于测定较大单株植株耗水量的测定。因为可自动取样和记录以及进行程序计算，所以应用较为简单。但植株在不同时间液流速率是不同的，热脉冲在加热过程是间断性的，不能完全反映连续的液流速率；该方法也不适于直径小于5cm的幼树，树干低液流时，热脉冲测定不准确（孙慧珍等，2004）。此外，仪器本身价格较昂贵。

热扩散液流探针（thermal dissipation sap flow velocity probe, TDP）法是Granier在热脉冲法的基础上经过改进后用来测定蒸腾的最新方法。Granier将热脉冲检测仪改进为利用双热电偶耗散为原理的热扩散液流探针。其原理是利用传感器测量加热探针和参比探针之间的温差，根据温度梯度变量和零流速时的最大温度梯度值直接转换为茎流速率，再根据边材面积，得到径流通量。该方法适用于测定茎秆较粗植株和高大的植物，原理上克服了蒸腾量测定的系统上的误差，受外界条件影响小，如配合其他传感器的使用，可测量环境因子（气温、湿度、土温等）影响下的茎流量，且在测定过程中能够连续放热，实现连续或任意时间间隔液流速率的测定，是近年来国内外逐渐得到推广，方法上不断得到改进（马长明等，2005；Bernacchi et al.，2002）。但利用该方法也存在一些问题，植株的边材宽度是非均匀性的，点状热电偶插入边材的位置和深度差异会造成测定结果误差；由于树干液流传输的滞后性，并不能同步反映叶片气孔的蒸腾特征和树冠的蒸腾量，因此在研究中要加以重视（马履一等，2003；王华田等，2002a）。

长期以来，上述3种热量法茎流测定技术因操作简单、可连续监测、环境破坏性小等优点而深受树木生理学家和森林水文学家的青睐。然而，在具体使用这些方法测定液流或分析处理数据时，还是存在以下一些值得注意的问题：①热脉冲法只是在树干某个部位整个横截面上某一个或几个点上进行液流速率测定，然后用加权平均或算术平均的方法整合得到整树的液流量。这样，误差就产生于单个点的测定以及整合过程。②与连续测定的热平衡法和热扩散探针法相比，热脉冲法是一种半连续的测定方法。实际的液流是在发出热脉冲后很短时间内测定的，而在所设定测定间隔的剩余时间里只是散发多余的热量来达到平衡状态。如此一来，液流与气象因素的相关关系仅仅是针对测定时间间隔的前一段时间而言。③热脉冲法和热扩散探针法都必须在树干上用钻头打孔以便安装探针，这样就破坏了木质部正常的液流，因此，需要进行较为合理的伤流校正。而茎部热平衡法因其是将加热套裹在树干外面，所以不存在伤流校正的问题。④这 3 种方法都是采用热技术，因此可能会因升高了形成层温度而对表皮组织造成伤害。⑤这 3 种方法测得的仅仅是蒸发蒸腾量的一个部分，土壤水面蒸发需另外测定。⑥由单木耗水外推至整个林地耗水时需要进行尺度耦合，当林地的树种和树龄组成不太均一时，这种尺度耦合更为复杂。

　　2）气体交换测定法

　　20 世纪 70 年代推出的稳态气孔计法（steady state promoter method）为测定瞬时蒸腾提供了便利手段。其主要原理是利用开放式气路测定叶片的蒸腾和气孔导度。整合式的气体流量计和湿度控制系统能够始终将叶室中的湿度与大气保持一致，使整个测定过程中叶片所处的环境保持不变，做到"稳态"测定。根据气路不同，其型号有多种：LI-1600 稳态气孔计、PMR-3 稳态气孔计、PMR-5 稳态气孔计、AP-4 型气孔计等，常用的是前两种。利用稳态气孔计测定蒸腾量操作简单易行，在叶片为活体状态下可进行测定，精度高。但由于测定的是室内叶片的瞬时蒸腾速率，叶片受室内环境影响，测定结果与实际数值有偏差。国内最早使用稳态气孔计是在 1985 年，刘奉觉等测定出不同枝叶离体前后的蒸腾变化规律不同，并用此结果订正田间快称法测值。20 世纪 90 年代以后稳态气孔计得到了广泛的应用。

1989～1991 年，巨关升等用五种蒸腾测定方法对杨树耗水量进行比较，结果表明稳态气孔计得到的测定结果要高于其他几种方法的测定结果，同时也高于自然状态下植物的实际蒸腾耗水。因此，在应用稳态气孔计测定植物蒸腾耗水时，应根据当地的气候条件和植物的生长状况，采用传统的蒸腾测定方法进行校正。

光合系统测定仪法（photosynthetic system measuring method）同样采用气体交换法原理测定植物的光合和蒸腾作用。采用 LI-6000、LI-6200、LI-6400、CIRAS-2、LCA24、CB-1101、CB-1102 等便携式光合分析系统测定和分析植物蒸腾速率是近年来的主要测定手段，测定简便易行，具有自动功能强、测定精度高等特征（李小磊等，2005；罗青红等，2005；田晶会等，2005；王华田，2003；李国泰，2002）。在实验过程中可以控制叶片周围的 CO_2 浓度、H_2O 浓度、温度、相对湿度等所有相关的环境条件，并与其他生态或气象因子传感器以及与数据采集器连接，利用专用软件实现对植株叶片蒸腾速率的定期或连续不间断测定，并获得蒸腾速率和环境因子波动曲线。但该方法所测数据为瞬时蒸腾速率，反映植株的潜在耗水能力，与植株实际耗水速率数值差异较大，只能用于比较不同树种耗水特性而不能用于精确推算实际耗水量（苏建平等，2004）。

由于水分从树干传输到叶片需要一定的时间且植株本身存在水容调节作用（Bariac et al.，1989），树干液流和环境因子达到最大值存在一定的时差，这个时差称为时滞。有关时滞的研究国内外均见报道，但相对较少。国内方面，马玲等研究了干、湿季马占相思树树干液流相对于光合有效辐射及水蒸气压亏缺的时滞，发现光合有效辐射先于液流达到峰值，水蒸气压亏缺落后于液流达到峰值；且在干、湿季液流相对于光合有效辐射或水蒸气压亏缺的时滞长度均不相同。此外，树干液流与环境因子间的时滞在湿季个体间差异较小，干季则差异较大（马玲等，2005b）。赵平等对马占相思树树干液流与树高、胸径、边材面积和冠幅的时滞进行了分析，结果显示时滞的长短与树形的大小无关；不同树种的时滞更多地与木质部的结构、树干和冠层的水分储备有关，并推测环境条件和植株个体在群落中所处的地位可能是影响液流时滞长短的原因，因为这些因素会影响叶片气孔对光辐射响应的快慢（赵平等，2006）。国外方面，Schulze 等在研究红杉蒸腾和木质部液流时发现，树冠蒸腾和树干液流间存在从几分钟到几个小时的滞后时间，他将这种现象归结于蒸腾流和测定液流部位的上部树干储存水分的交换（Schulze et al.，1985）。Peramaki 发现欧洲赤松冠层蒸腾的变化与树干底部液流的时滞约为 30min（Peramaki et al.，2001）；Granier 则发现山毛榉在水分充足的情况下冠层蒸腾与树干液流间几乎不存在时滞（Granier et al.，2000）。

3）微气象学法

微气象学法包括波文比-能量平衡法、空气动力学法、能量平衡-空气动力学综合法和涡度相关法等。随着计算机技术、气象仪器的不断发展，数据的自动化采集与运算系统的日益先进，该方法已成为较为常见的蒸散计算方法。

（1）波文比-能量平衡法。波文比-能量平衡法简称波文比法（bowen ratio-energy balance，BREB），是 Bowen 依据表面能量平衡方程提出的，此法的两大理论支柱是能量平衡原理（energy balance principal）和边界层扩散理论（boundary layer diffusion theory）。BREB 法以下垫面的水热交换为基础，在假定热量交换系数和水汽的湍流交换系数相等的情况下，其下垫面能量平衡方程可表示为

$$R_n = \lambda E + H + G \tag{1-3}$$

$$\lambda E = \lambda_\varepsilon / p \rho K_w \frac{\partial_e}{\partial_z} \tag{1-4}$$

$$H = p C_p K_h \frac{\partial_T}{\partial_z} \tag{1-5}$$

式中，R_n 为净辐射；λE 为潜热通量；H 为显热通量；G 为土壤热通量；ρ 为空气密度；C_p 为空气定压比热；ε 为水汽分子对于空气分子重量比；p 为大气压；K_w、K_h 分别为潜热、显热交换系数。

根据相似理论，引入波文比 β（显热通量与潜热通量之比），并将微分化为差分得

$$\beta = \frac{H}{\lambda E} = \frac{PC_p K_h \dfrac{\partial T}{\partial z}}{\lambda_\varepsilon / p\rho K_w \dfrac{\partial e}{\partial z}} = \lambda \frac{\Delta T}{\Delta e} \qquad (1\text{-}6)$$

式中，λ 为湿度常数系数，代入则式（1-4）简化为

$$\lambda E = (R_n - G)/(1 + 0.0646\Delta T/\Delta e) \qquad (1\text{-}7)$$

即植物层蒸散量为

$$E = (R_n - G)/\lambda(1 + 0.0646\Delta T/\Delta e) \qquad (1\text{-}8)$$

式中，ΔT 为上下空气温度差，单位℃；Δe 为上下饱和气压差。根据边界层扩散理论，当只考虑热量和水汽的垂直输送时，可利用波文比方法计算出植物的蒸发量。

　　BREB 法通常用来估算潜热通量、确定用水量、计算作物系数、调查植被-水分关系、估计作物用水模型等。这种方法物理概念明确，计算方法简单，对大气层没有特别的要求和限制（张永忠等，1991），对蒸发蒸腾面空气动力学特性方面的相关资料不作要求，且时间分辨率较高（不足 1min），估算面积较大（约 1000m²）（Manuel et al.，2000），是应用比较广泛的估算农田蒸发蒸腾的方法。但其最基本的假设条件是：空气动量扩散系数、热量扩散系数和水汽湍流扩散系数相等。因此，只有在开阔、均一的下垫面情况下，才能保证较高的精度。在平流逆温和非均匀的平流条件下，该法测量结果会产生极大的误差。应用波文比-能量平衡法的最大优点是可以分析蒸散与太阳净辐射的关系，揭示不同地带蒸散的特点及主要影响因子变化对蒸散的作用。研究表明，在森林地区测定波文比的最适高度，是距林冠作用层 0.5m 和 2.5m 处，不会影响计算精度。从 20 世纪 50～60 年代开始，该法得到了广泛的应用。在这种方法刚开始应用的阶段，由于对两个不同高度处的温度差和水汽压差等参数的观测精度要求较高，在当时的技术条件下难以达到，从而使得该项技术在过去的 60 多年里发展缓慢。20 世纪 80 年代末 90 年代初，伴随着高精尖科技的飞快发展，特别是其中的集成电路、微型电子计算机及软硬件的飞速发展，精确测定和连续记录得以实现，从而推动了该项技术的广泛普及。

　　国内应用波文比方法测定农田蒸发蒸腾始于 20 世纪 80 年代后期

（黄妙芬，2003）。李胜功等采用 BREB 法对内蒙古自治区奈曼旗尧勒甸子村小麦不同生长阶段的微气象变化进行了分析，研究表明，由于在不同的生长期麦田的反射率存在差异，从而导致热量平衡特征存在差别；随着小麦的生长，麦田净辐射在总辐射中的比例逐渐增大。李胜功等分别利用波文比-能量平衡法和空气动力学梯度法对 2 种灌溉模式下（灌溉和无灌溉）大豆田的热量平衡特征进行了研究。研究表明，灌溉与否对大豆田的净辐射存在影响，潜热交换、显热交换和土壤热交换的分配比例存在差异。李彦等利用 BREB 法测定了绿洲荒漠交界处显热和潜热的数值，分析了 2 种热量模式输送特征的日变化规律（李彦等，1996）。朱志林等利用波文比-能量平衡法、梯度法和涡度相关法等三种不同的方法对淮河流域的感热和潜热通量进行了研究，对比了各种方法的差异，并以梯度法的分析对该地区的热量分配情况进行了探讨（朱志林等，2001）。孙卫国等采用波文比-能量平衡法、廓线梯度法和综合阻抗法等 3 种不同的方法对陕西省泾阳县农业试验站冬小麦田的蒸发蒸腾量进行了研究，对 3 种方法所测结果进行了相关分析，并阐述了每种方法的误差来源（孙卫国等，2000）。杨秀海等采用波文比-能量平衡法和拖曳系数法 2 种不同的方法对西藏改则地区冬、夏 2 个季节内地表的热通量进行了计算，讨论了 2 种方法的优缺点、局限性以及适用条件。计算中发现，高原上感热、潜热总体输送系数存在明显的日变化和季节变化，在用拖曳系数方法计算地表感热和潜热通量时，采用恒定的总体输送系数会造成较大误差（杨秀海等，2002）。贺康宁等利用波文比法研究了刺槐和油松林的热量收支特性，比较了 2 种林区净辐射收支的差异，并将这种差异归结于反射率（贺康宁等，1998）。曹建生等以石榴林为研究对象，采用波文比法对林分水平的水热平衡和蒸发蒸腾规律进行了分析研究，并探讨了不同土壤含水率对能量平衡的影响，为太行山区树种的合理选择和林分结构提供参考（曹建生等，2001）。康峰峰等将波文比-能量平衡法和热扩散探针法相结合，把 2 种方法测得的蒸发蒸腾量和液流通量转化为蒸腾热通量和蒸发热通量两个不同的部分（康峰峰等，2003）。

波文比-能量平衡法兼顾了环境因子的变化对蒸发蒸腾量的影响，在满足水热交换系数相等的假设前提下，该法的观测值可以代表一定范围内的水热平均交换速率（Todd et al.，2000）。观测精度还受到环境温度差、湿度差的影响，提高观测精度的方法是使用精度更高的干湿球传感器（分辨率大于 0.1℃ 和 0.1kPa），同时仪器的安装位置和高度对观测精度也有影响，一般要求田块的下垫面条件较为均匀，还需要足够的风浪区（王笑影，2003），最好为 100～200 倍以上的仪器安装高度，但可根据实际情况作适当调整，一般不能小于 20 倍的仪器安装高度，最低也不能低于 12 倍的仪器安装高度，否则可能会因不满足基本假设而产生较大偏差，甚至错误。在连续观测过程中，可以通过定时交换上下两个传感器，保持干湿表球体湿润、干净来提高测量精度。通常在早晨和黄昏时段，由于感热通量要改变其方向，所测数据会出现不稳定，甚至矛盾的现象；当有降水或田间灌溉时，土壤的热通量会发生较大变化，感热和潜热可能会产生较大的水平梯度，从而使计算结果不能很好地与实际情况相吻合，且此时两个高度的水汽差很小，可能会因小于仪器的分辨率而产生较大的误差。因此，在处理试验数据时，应根据实际情况对数据进行分析和取舍。

（2）空气动力学法。1939 年，Thornthwaite 和 Holzman 基于 monin-obukhov(M-O) 相似理论提出应用空气动力学法进行农田蒸发蒸腾量计算。他们认为：近地面层温度、水气压和风速等各种物理属性的垂直梯度，受大气传导性制约，可根据温度、湿度和风速的梯度及廓线方程，采用不同的积分公式求解出农田上的蒸发潜热和显热通量。空气动力学法中湿度不是必须的测量项，但提高了计算精度，由于风速、湿度的自相关回归函数的构建需要较多的气象要素高程观测点，对观测的数据量有较高的要求，且公式的假定条件为下垫面稳定、均一的理想状况，如果地表情况较为复杂，利用该种方法得到的结果误差则较大（王笑影，2003；Girona et al.，2002）。此外，地表粗糙层和风速决定公式中扩散系数的大小，但是对于粗糙层内扩散系数是否服从 M-O 相似理论的看法还没有达成共识（许迪等，1997；唐登银等，1984）。与其他微气象方法一样，对下垫面及气体稳定度要求严格，只有在湍流涡度尺度比梯度差异的空间尺度小得多的条件下，梯度扩散理论才能成立。故在平流逆温的非均匀下垫面、粗糙度很大的植物覆盖以及在植物冠层内部情况下，该理论并不适用。因此，该方法很难在实际工作中得到推广应用。

（3）能量平衡-空气动力学综合法。Penman 于 1948 年将能量平衡原理和空气动力学原理首次结合起来，它是以下垫面能量平衡和湍流运动规律为依据，结合遥感表面温度技术来测量和计算农田总蒸发量。其基本假定为：将能量平衡观测中的观测面 Z_1 移到蒸发面 Z_0 处（水面），且认为蒸发面处的水汽是饱和的，同时还假定蒸发面 Z_0 处的气温 T_0 和观测高度 Z_2 处（一般取 2m）的气温 T_2 相等，这样，只要知道一个高度 Z_2 的气象观测资料（辐射、风速、水汽压），就可得到蒸发量。Penman 于 1953 年又提出植物单叶气孔的蒸腾计算模式。Covey 于 1959 年将气孔阻抗的概念推广到整个植被冠层表面。Monteith 于 1965 年在 Penman 和 Covey 工作的基础上，提出了冠层蒸散计算模式，即著名的 Penman-Monteith 模式（P-M 模式），用来计算有植被覆盖陆面的蒸散量的方法。其计算公式为

$$\lambda E_t = \frac{\Delta(R_n - G) + \rho \, C_p [e(t) - e] \, / r_a}{\Delta + \gamma(1 + r_c / r_a)} \tag{1-9}$$

式中，Δ 为空气平均温度下的饱和水汽压随温度变化的斜率；R_n 为净辐射；G 为土壤热通量；ρ 为空气密度；C_p 为空气定压比热；$e(t)$ 为空气温度下的饱和水汽压；e 为空气中的水汽压；r_a 为空气动力学阻力系数；r_c 为冠层阻力系数。

该模式全面考虑影响蒸散的大气物理特性和植被的生理特性，具有很好的物理依据，能比较清楚地了解蒸散的变化过程及其影响机制，为非饱和下垫面蒸散的研究开辟了新的途径，现已得到了广泛研究与应用。但该模式计算蒸散发时需要气孔阻抗这个特征值。而且，把植物冠层看作整体来处理，植物群体被看成是相当于动量吸收高度上的一张大叶子，群体的动量、热量和水分传输则是在这张叶片和某一参考高度之间进行的，水汽从这叶片向外蒸散时有一冠层阻抗 r_c。因此，该模式有两方面的缺陷：一是空气动力学阻抗的计算需要确定表

面粗糙度 r_a 参数；二是该式中假定了在动量输送阻抗和热量输送阻抗相等时取得表面粗糙度的。所以，在中性层结条件下，得到满意的结果；在非中性层结下，误差较大；在稳定层结下，误差可达 20%以上；在早晚，也会像 BREB 法出现同样的问题，即净辐射和土壤热量很小或负值时，往往产生不合理的结果。如果将此法结合红外遥测技术测量森林表面温度，可测算大范围蒸散量。在干旱条件下，该公式计算有误差，因此多用于估算大面积平均潜在蒸散量，再用植物系数调整得到植物的蒸散耗水量。这种模式将植被冠层和土壤看成一层，只能在地面完全覆盖、低矮植被条件下才能适用且很难将植物蒸腾和土壤蒸发分开计算。基于上述认识，1989 年 Shuttleworth 等提出了二层模型（Shuttleworth，1989），即所谓的 Shuttleworth-Wallce 模式（S-W 模式）。此后，Oltehev 等（1996）、Kustas 等（1996）、Kim（1998）基于一层或二层模型的理论思想提出了多层模型，即将冠层-土壤看作若干层。然而由于这类模型的参数很复杂，故虽有完善的理论思想，但不便于推广利用。其中，Wallace、Lawson、Tournebize、Irvine、Mcintyre 和 Mobbs 等研究的是农林复合系统（Agroforestry）蒸散模型，这些模型为农林复合系统蒸散的计算提供了重要的思路和方法，但也存在着某些局限性。其局限在于：①假设复合系统中不同植被类型的温、湿度相等。②只考虑植被覆盖度和植株高度对光截留的影响，而未将林木与其下层植被之间相对高度差、林木行带走向以及太阳的日运动轨迹结合，综合考虑林木对其下层植被的遮阴时间和遮阴范围的影响。因此太阳辐射截留分配模型过于简单。③只能得到下层植被蒸散平均值，而不能了解其水平变化规律。Irvine 模型只能用以计算复合系统的总蒸散量，而不能单独计算不同植被组分的蒸散量。Tournebize 和 Mcintyre 等辐射传输概念模型虽然比较完善，但因传输过程复杂而涉及的物理参数较多，故其蒸散模型不便于在实际工作中应用（张劲松等，2001）。

　　由于能量平衡-空气动力学阻抗法把农田的能量平衡模式与冠层阻抗相联系，并采用了新的遥感红外测温技术，因此有较广阔的应用前景，并可能是推算一定区域内农田蒸发的好办法，是目前公认的适用性强、计算精度高和可靠性高的计算方法。我国目前进行的"全国水资源综合规划"项目中，农业需水和用水就采用此法研究。我国学者对此做了大量的工作，奠定了良好的基础。卢振民应用 Penman-Monteith 的阻力法模式计算大田作物的蒸腾量，提出作物需水量的新定义并给出了 Penman-Monteith 模式相应的各项参数及其改进的计算公式（卢振民，1986）。用作物需水量与蒸腾能力的比值来表示作物系数，以区别以往一些作物系数概念，有较好的物理和生物基础。以冠层平均温度代替气孔阻力建立蒸腾新的计算方法。莫兴国研究了界面水汽传输及其阻抗，以平流-干旱模型估算麦田潜热和冠层蒸腾、典型农田蒸散均进行大量研究（莫兴国，1997）。谢正桐以黄淮海平原大气边界层的观测数据为基础，发展了一个土壤-植被-大气多层模式，对大气和地表进行耦合模拟。模式对植被冠层作多层划分，有助于细致了解植被冠层沿高度分布的各物理量，为非均匀下垫面的参数化提供依据（谢正桐，1998）。孙菽芬、牛国跃等发展了一个同时考虑液态水和气态水运动的沙漠裸土模式，并与大气边界层模式耦合，对沙漠大气系统中的水热运动进行模拟，同时考查了忽略沙土中的水汽运动对边界层内湿度及其通量的影响。结果表明，如果忽略土壤中的气态水运动，地-气界面及边界层内的水汽通量计算会产生较大误差。研究还发现，在干燥的情况下，土壤中水汽运动对水通量贡献要比液态水大得多，但对湿润土壤，水汽运动无论对土壤中水平衡还是热平衡都不太重要（孙菽芬等，1998；牛国跃等，1997）。

（4）涡度相关法。较早利用涡度相关法（eddy covariance，EC）计算农田作物蒸发蒸腾量的研究在澳大利展开（Swinbank，1951），是一种通过直接测定和计算下垫面感热和潜热的湍流脉动值而求得植物蒸发蒸腾量的方法。计算公式如下：

$$H = \rho_a C_p \overline{w'T'} \tag{1-10}$$

$$\lambda \cdot \mathrm{ET} = \lambda \rho_a \overline{w'q'} \tag{1-11}$$

式中，λ 为水汽化潜热；H 为感热通量；$\lambda \cdot \mathrm{ET}$ 为潜热通量；ρ_a 为空气密度；C_p 为空气的定压比热；T'、w'、q' 分别为垂直温度、风速和湿度脉动值。

涡度相关法的误差可能来源于理论假设与客观实际的偏差，也可能由仪器设备本身或使用不当造成。由于感应头、记录仪的频率响应特性限制及有限的观测时间，不可能观测到对垂直通量起作用的整个湍流频率范围，主要表现在对高频部分的截断，其高频损失程度还与仪器架设高度、大气稳定度有关。另外，测量垂直风速脉动量时，仪器安装倾斜也可能导致误差。与其他方法相比，涡度相关法不是建立在经验关系基础之上的，而是严格依据空气动力学理论推导而来，其物理学基础最为完备。它通过直接测量各种物理属性的湍流脉动值来确定交换量，不受平流限制，具有较高的精度和良好的稳定性。它只需要在一个高度上进行观测，作业非常灵活，而且仪器的可移动性强，在森林等高秆植物或高粗糙度地表安装很方便，应用更加广泛。但是，因为是一种直接测定技术，所以不能解释植物蒸发蒸腾的物理过程和影响机制。另外，对干旱缺水地区，因空气中水汽含量较少，测出的植物蒸发蒸腾量往往误差较大。EC 法实现了对蒸发蒸腾量的直接观测，相比传统观测手段，该方法理论假设少，精度高，是蒸散观测技术上的一个重大突破（于贵瑞等，2006）；EC 法可以对地表蒸散实施非破坏性的、长期的、连续的定点监测。与其他传统观测方法相比，EC 法监测时间分辨率较高，可以测得短期内的蒸发蒸腾量与环境因子变化数据。例如对森林生态系统中的高大乔木，采样间隔一般为 30min；而对农田作物这样的矮秆植被，取样周期可缩短至 10min（Sun et al.，2006）。环境变化对水分交换的快速影响可以通过高的时间分辨率实现，与蒸渗仪法相比，EC 法可以观测范围更为广阔的区域，一般的风浪区长度可以达到 $100\sim2000$m（Schmid，1994）。

McNeil 等进行了 EC 法和 BREB 法的对比研究，发现 EC 法在显热通量测量值方面比 BREB 法低 25%。Dugas 等利用波文比法、涡度相关法和便携式箱式法等 3 种不同的方法对春小麦显热和潜热通量进行了研究，波文比法结果表明，早晨和午后的数值最大，中午附近最小，在波文比潜热计算中，净辐射和土壤热通量密度保持恒定；涡度相关法计算所得的显热通量低于波文比法，潜热通量显著低于波文比法；便携式箱式法潜热通量受周围环境的影响（Dugas et al.，1991）。Stannard 等通过对 Walnut Gulch 地区多个站点的热通量数据的分析，发现 EC 法测量的蒸发比值明显比 BREB 法高，这是因为通量贡献区域不一致（Stannard et al.，1994）。Barr 等通过高大的落叶林研究了涡度相关法和波文比法的差异，结果发现，涡度相关法测得数据的平均能量闭合率达到 89％，2 种方法测得的潜热和显热通量也存在差异，EC 法测定的潜热比 BREB 法低，而测定的感热比 BREB 法高。EC 法能量不闭合的主要原因有两个：一是低频损失；二是空间代表尺度的不同（Barr et al.，1994）。为了验证 2 种方法在不同地形区域的适用性，Bernhofer 分别利用涡度相关法和波文比法测定崎岖地区松树的蒸发蒸腾量，研究发现，BREB 法比 EC 法计算的蒸发蒸腾量低，并将该种现象归结于测定的空间范围存在差异（Bernhofer，1992）。Pauwels 等以崎岖地区的草地为研究对象，分别利用涡度相关法和波文比法进行了蒸发蒸腾量的计算，发现在小尺度上（日和时）2 种方法测定的 ET 不受地形的影响（Pauwels et al.，2006）。Unland 等首次使用 EC 法、BREB 法和 Sigma-T 法等 3 种方法对 Sonoran 地区沙漠处的通量变化进行了研究，结果表明，对于沙漠地区的长期观测，BREB 法效果更佳（Unland et al.，1996）。Twine 等分别利用涡度测量系统和波文比系统进行了实验观测，发现涡度相关系统测量的数据都存在能量不闭合的情况，能量的闭合度存在 70％～90％变化的现象（Twine et al.，2000）。Brotzge 等用 EC 法与 BREB 法独立地测量了草地的能量分量（Brotzge et al.，2003）。Wilson 等分别用液流法、土壤水量平衡法、涡度相关法和流域水量平衡法多种方法对美国东南部 Walker 流域落叶林的 ET 变化进行了观测，结果表明，涡度相关法与流域水量平衡法在 ET 测量方面相似（Wilson et al.，2001）。José 等以菠萝为试验材料，应用 EC 法在菠萝的 5 个生长季进行了不间断的观测，研究结果发现，在整个观测期内，平均能量闭合度接近于 1，从而说明 EC 法具有较高的观测精度（José et al.，2007）。Testi 等对比了 EC 法和水量平衡法在橄榄园

RT 测量中的适用性实施，3 年的监测结果表明，2 种方法测量的结果相差不大（Testi et al.，2004）。Li 等利用涡度相关技术对内蒙古草原生态系统能量分配及其影响因素进行了研究，研究显示：在牧草生长季节，地表能量消耗的主要途径为感热和土壤热消耗，只对能量分配模式产生轻微影响的是下垫面的湿润状况和冠层的大小幅度（Li et al.，2006）。Gentine 等利用涡度相关法的实测资料及其数学模型对 EF（evaporative fraction，蒸发比值）变化特性在白天的状况进行了研究，探讨了环境变化对 EF 稳定性的影响程度。研究显示，EF 对辐射和风速的变化存在"补偿效应"，但这种补偿效依赖于 2 个条件，即土壤水分情况和冠层覆盖度状况（Gentine et al.，2007）。孙志刚等为了验证 MOD16 算法所估算的 ET 的准确性，利用涡度相关法实测的冬小麦 ET 为参照数据。研究结果表明，相对于实测值，使用 MOD16 算法估算的麦田 ET 比平均偏高，只有对算法中的相关参数，即作物的温度三基点、空气动力学阻抗和植被覆盖度进行校正，计算结果与实测才能非常相似，计算值与实测值的相关系数可以为 0.88（孙志刚等，2004）。

4）遥感法

蒸发计算的传统方法都是以点的观测为基础的。由于下垫面物理特性和几何结构的水平非均匀性，一般很难在大面积区域推广应用。遥感技术的出现为解决该问题提供了一种新途径。它是一种通过卫星或飞机的高精度探头，在高空遥测地表面温度和地表光谱及反射率等参数，结合地面气象、植被和土壤要素的观测来计算蒸散的方法。由于具有多时相、多光谱等特征，因此能够综合地反映下垫面的几何结构及物理性质，使得遥感方法比常规的微气象学方法精度更高，尤其在区域蒸发计算方面具有明显的优越性。20 世纪 70 年代以来，国外就开展这方面的研究工作。Brown 和 Rosenbeg 根据热量平衡原理提出了遥感蒸散模式（Brown et al.，1973）。这一模式为

$$\lambda E = R_n - G - \rho C_p \frac{T_C - T_a(Z)}{r_a} \qquad (1\text{-}12)$$

式中，λE 为蒸散通量密度；R_n 为净辐射；G 为土壤通量密度；ρ 为

空气密度；C_p 为常压比热；T_C 为遥测冠温；$T_a(Z)$ 为冠层上方某一距地面高度上的气温；r_a 为大气与植被间的空气动力学阻力。在该模式中，r_a 由式（1-13）计算：

$$r_a = u(Z)/u_*^2 \qquad (1\text{-}13)$$

式中，$u(Z)$ 为高度 Z 上的实测风速；u_* 为植物冠层的摩擦风速。由于风速常随高度呈对数分布，所以其计算公式表示为

$$u_* = ku(Z)/\ln\frac{Z-d}{Z_0} \qquad (1\text{-}14)$$

式中，k 为卡尔曼常数；d 和 Z_0 分别为与植株高度有关的零平面位移和粗糙度。

该模式目前已被广泛采用。Verma 和 Rosenbeg、Hatfield、Huband 和 Monteith 等在对 r_a 作了稳定度修订后仍用式（1-12）计算农田蒸散量（Huband et al.，1986；Hatfield et al.，1983；Verma et al.，1976）。国内，陈镜明从植物小气候原理出发，提出了遥感蒸散模式的改进模式：

$$\lambda E = R_n - G - \rho C_p \frac{T_C - T_a(Z)}{r_a + r_{bH}} \qquad (1\text{-}15)$$

式中，r_{bH} 为热传输对应于动量传输的剩余阻力。与式（1-12）相比，式（1-15）多了这项阻力。它的量级与 r_a 相当，但在遥感蒸散模式中却被忽略。陈镜明（1988）对改进的模式与蒸散计方法进行了比较研究，显示了改进模式的优越性。

遥感方法估算农田蒸散量的模式基本上是利用遥感方法获得表面温度（包括作物冠层温度）及能量界面的净辐射通量，并辅助以必要的作物和气象参数来估算农田蒸散量（蔡焕杰等，1994）。采用遥感方法计算蒸散目前已有很多种方法，研究较多的是 Priestley-Talor 模型和 SEBAL 模型。Priestley-Talor 模型因其简便易用而在国内外引起了广泛的关注；SEBAL 模型的理论基础为陆面能量平衡，是由荷兰 Water-Watch 公司 Bastiaanssen 开发的，自开发以来已被欧美和亚非拉等一些国家作为利用遥感计算蒸散量的重要方法（李星敏等，2010）。Su 提出的能量平衡系统模型（surface energy balance system,

SEBS）是利用地表能量平衡指数获得相对蒸发和蒸发比，从而得到潜热通量。

国内方面，谢贤群将遥感估算的瞬时蒸散推算到了日蒸散，其理论基础是日蒸散发量与任意时刻的蒸散量存在正弦曲线关系（谢贤群，1990b）。陈云浩等首先在利用遥感资料求取地表特征参数（例如植被覆盖度、地表反照率等）的基础上，建立了裸露地表条件下的裸土蒸发和全植被覆盖条件下植被蒸腾计算模型，然后结合植被覆盖度（植被的垂直投影面积与单位面积之比）给出非均匀陆面条件下的区域蒸散计算方法。实测资料验算表明该模型具有较高的计算精度。最后利用该模型对中国北方地区的蒸散量进行了计算，并对该研究区蒸散的特点进行了分析（陈云浩等，2002）。郭晓寅选取 Priestley-Talor 公式，利用 NOAA-AVHRR 资料，提出了利用植被指数、地表温度和大气温度确定其中参数的方法，对黑河流域典型地表参数和蒸散量的时空分布进行了反演和验证，分析了蒸散发的时空分布特征。结果表明，对黑河流域蒸散发的遥感估算和一些地表生物物理参数的反演结果，与实测值基本吻合，说明书中所采用的方法估算蒸散发是可行的。寒漠、冰川、沙漠和戈壁等植被条件较差的地区的蒸散量极低。弱水三角洲和古日乃湖盆作为下游植被较好的地方其蒸散量有别于周围地区。中游绿洲的蒸散量与绿洲发展程度具有密切关系。河流两岸天然绿洲，明显与周围沙漠和戈壁区分开来。高覆盖度草地和沼泽蒸散量最高，其次为中覆盖度草地和林地（郭晓寅，2005）。潘志强等利用 SEBAL 模型采用 ETM 影像对黄河三角洲进行了遥感蒸散研究，并对黄河三角洲的蒸散特点进行了分析，认为蒸散研究对黄河三角洲水资源的合理利用有潜在的指导意义（潘志强等，2003）。马耀明等利用 LANDSAT-TM 资料制订了非均匀陆面上区域能量通量的参数化方案，利用黑河试验（HEIFE）的观测资料进行验证，取得了良好的效果（马耀明等，2004）。张万昌等利用陆表能量平衡算法（SEBAL），从 TM 影像上反演出地表能量通量各分量的空间分布，从而得到黑河流域的蒸散量（张万昌等，2004）。乔平林等利用 MODIS 资料估算了石羊河流域的蒸散量（乔平林等，2007）。郭玉川等利用 LANDSAT-ETM 资料估算了西北内陆区地表蒸散量（郭玉川等，2007）。潘卫华等利用 TM 资料对福建泉州市的蒸散量进行了反演计算（潘卫华等，2007）。刘蓉等利用 MERIS 和 AATSR 资料估算了黄土高原地区的蒸散量（刘蓉等，2008）。

该法的优点是既克服了微气象学方法中由于下垫面的不均匀、定点观测资料、很难在大面积上应用的局限性，也克服了水量平衡法在时间分辨率上的缺陷，既适用于田间尺度的测定，又适用于大面积范围的测定，是唯一一种有效测定区域甚至全球范围内的陆面蒸发的技术。根据遥感数据已先后建立了经验或统计模型、物理分析模型和数值模型来估算不同时间和空间尺度的蒸散发量。以遥感方法获取能量界面的净辐射量和表面温度，并以作物光谱取得生态参数信息、微气象或气候参数，包括热量平衡遥感模式，表面温度、冠层阻力遥感模式，累计净辐射通量模式，多时相热过程遥感模式，有指标的多时相热过程遥感模式等。故该方法具有广泛的应用前景。但目前在区域上，特别是在下垫面比较复杂的区域，其精度往往达不到实际要求。左大康、覃文汉（左大康等，1988）认为，精度误差主要来自 3 个方面：第一，热红外表面温度资料的物理实质；第二，点上模式在面上应用的误差大小；第三，对较复杂下垫面区域，各种气象参数如温度、风及粗糙度等的空间分布规律。

近些年来，虽然在非均匀及稀疏植被下垫面能量传输机制的研究方面取得了较大的进展，但在遥感信息与蒸发蒸腾机理模型的连接中仍存在一些问题：第一，地表温度的反演问题。热红外传感器探测的是地表辐射温度，又称为地球表面的"皮肤"温度（skin temperature）。然而，地表远非"皮肤"状或均一的二维实体，各样的组分及其各异的几何结构均增加了地表真实温度的反演难度。蒸发蒸腾模型中利用遥感地表温度或代替较难获得的空气动力学温度计算感热通量，或进行一些参数的计算（如 WDI）。因此，地表温度的反演准确度直接影响着蒸发蒸腾量估算的精确度；第二，尺度问题，包括时间延拓和空间延拓两方面。在将瞬时蒸发蒸腾量进行日蒸发蒸腾量的扩展时所要求的"绝对晴天"在现实中出现的几率不会很大。空间延拓主要指蒸发蒸腾模型中所需的气象参数,由点测资料标定遥感像元面的数据,进而再从像元面扩展到"区域"甚至"全球";另外,用来进行模型结果比较的局地观测数据与计算时所利用的遥感数据的尺度也存在差异。然而,不同尺度信息之间往往是非线性、不确定的,时空尺度的延拓应是未来的研究重点;第三,阻力问题。"面"上的气孔阻力、表面阻力(对于植被下垫面,常称为冠层阻力)及空气动力学阻力等对于区域蒸发蒸腾量估算关键的参数仍然需要依靠冠层高度及风速等"点"上资料来推算得到平均信息。如何充分利用遥感数据而建立机理性较强的辅助性阻力模型是今后需要进一步探讨的问题;第四,各种模型均有一定的假设条件,且大多数模型只在晴空无云、风速稳定、地形平缓的条件下有较好的效果。

5)SPAC 法

SPAC 系统的概念是由 Philip 在 1966 年提出的(Philip,1966),在 20 世纪 60 年代后得到了不断发展,尤其是 20 世纪 80 年代后期兴起的国际地圈生物圈计划(IGBP)把水文循环的生物圈方面(biospheric aspects of hydrologieal cycle)作为四大核心课题之一,更加促进了 SPAC 系统研究的进展。水分从土壤经植物体(根、茎、枝叶)向大气层的运移,是现代水文学理论中一个崭新的前沿课题。水分在 SPAC 中从土壤经植物到大气的传输是一个物理的、统一的、连续的过程,即从地下水到土壤,从土壤到根表皮,穿过根表皮进入根系的木质部,再沿植物的主根、枝茎的木质部导管到达叶片,由叶面上的气孔腾发到静空气层,最后进入紊流边界通过紊流扩散进入大气。形成了一个统一的、动态的、连续的、相互反馈的 SPAC 系统。对应于上述主要过程,可以建立描述各过程的子模型,然后综合各个子模型,组成描述 SPAC 系统的综合模型。一个较完整的描述 SPAC 系统水流运动的模型一般包括下述子模型:①农田棵间蒸发模型;②植物蒸腾模型;③作物根系吸水模型;④大气边界层阻力模型;⑤作物表面阻力模型;⑥植物截留降水模型;⑦获取土壤物理参数的经验模型(如非饱和导水率计算模型等)。这些子模型都在土壤水运动的基本方程以及定解条件中得到应用。蒸发散问题的研究一直是

SPAC 中重要的一环，基于 SPAC 水分传输理论，模拟计算植被蒸散耗水量，现已成为蒸散计算研究的重要途径。Flerchinger 等、Gruesev 等、Scott 等与 Kim（Kim，1998；Grusev et al.，1997；Scott et al.，1997；Flerchinger et al.，1996）在这方面的研究均取得了比较满意的结果。SPAC 理论的引入，引起了国内学术界的广泛讨论，并开始深入研究模拟计算植被蒸散耗水量，主要集中在农业领域。康绍忠等对干旱缺水条件下麦田蒸散量计算方法进行了研究（康绍忠等，1990），提出了包括根区土壤水分动态模拟、作物根系吸水模拟和蒸发蒸腾模拟 3 个子系统的 SPAC 水分传输动态模拟模型，建立了蒸腾蒸发分摊模型（康绍忠等，1995）。蔡焕杰提出了计算农田蒸散量的冠层温度法（蔡焕杰，1992）。刘昌明等研究了 SPAC 中蒸发与蒸腾的过程，提出了土壤-植物-大气连续体中的蒸发散模型（刘昌明等，1992）。吴擎龙等对 SPAC 系统水热传输规律进行了研究和较好的揭示（吴擎龙等，1996）。在 SPAC 中，由于统一了能量关系，为分析和研究水分运移、能量转化的动态过程提供了方便，对蒸散的物理与生物机制、农林业生产、水资源的合理利用与节水农业的发展起到了十分重要的作用。但由于植物在 SPAC 系统中受太阳辐射、大气温度、大气中 CO_2 浓度、土壤水和土壤中的养分等诸多因素的影响，使得精确描述 SPAC 系统水分的传输显得非常复杂，而且目前对 SPAC 系统的研究中并没有把植物作为一个实体，而是简单地概化处理。因此，目前的研究还是比较有限的，有待于进一步地深入研究。

1.2.2　植株蒸腾预测模型的研究进展

精确建立植株蒸腾与环境因子的关系，不但能揭示环境因子对植物水分生理变化的影响，而且还可以利用环境因子参数预测植物蒸腾耗水量，为植物适时适量供水提供理论依据。目前研究主要集中在温室作物蒸腾量模拟方法，由于温室环境的多变量非线性强耦合时延性关系，使得建立适用于长时间周期的模拟方法精度低、局限性强、通用性差和受外界多条假设约束限制。佟长福等、王世谦等采用小波结合神经网络或灰色理论等方法在参数预测领域已取得一定成果（佟长福等，2011；王世谦等，2010）。孙国祥等将温室环境参数和蒸腾速率时间序列在小波分解重构基础上，建立非线性自回归动态神经网络，根据时间序列的局部性特征预测黄瓜蒸腾速率，从而为实现温室黄瓜节水灌溉和温室环境调控提供了精确的预测方法和决策支持。即针对作物蒸腾速率与温室环境参数间非线性耦合时延性关系，以温室环境参数如空气温度、空气湿度、太阳辐射度、土壤温度、叶面温度、土壤含水量的时间序列为输入量，温室黄瓜蒸腾速率时间序列为输出量，采用小波分解重构方法，分别建立低频时间序列和高频时间序列的非线性自回归动态神经网络（NARX）子网络预测模型，以子网络的预测叠加值为蒸腾速率预测值（孙国祥等，2014）。相对于液流动态变化的监测，液流预测模型的研究相对较为肤浅（Ford et al.，2005）。国内方面对液流预测模型的研究多是液流与环境因子的多元线性回归（王华田等，2002b）和逐步回归（孙慧珍等，2002），刘德林等应用灰色关联分析研究了盆栽玉米气象因子对玉米茎流日变化的影响，发现晴好天气下太阳辐射是影响玉米茎流的主要因素；多云或阴天条件下气温和相对湿度成为影响蒸腾速率的主要因子，太阳辐射的影响相对降低（刘德林等，2006）。龚道枝研究了不同水分状况下桃树的液流变化，通过对充分供水条件下树干液流与太阳净辐射、空气温度、湿度和风速的回归分析，得到与彭曼公式相似的数量关系式，将对液流影响的内在物理机制划分为辐射项和空气动力学项（龚道枝等，2001）。国外方面，Granier 研究了热带雨林树干液流变化与环境因子的关系，在假设液流与蒸腾相等的条件下依据 Penman-Monteith 方程建立了液流与太阳净辐射、土壤热通量、饱和水汽压差等环境因子的数量关系（Granier et al.，1996）。Ford 研究了土壤水分亏缺对火炬松的影响，利用时间序列分析（自回归差分移动平均）模型模拟了冠层蒸腾量，发现干季和湿季影响液流（蒸腾）的主要环境因子不同（Ford et al.，2005）。Kume 研究了泰国北部热带季风林区土壤干旱对液流和常绿树中水分状态的影响，利用水汽压亏缺表征液流速率递减值，以表征干旱季节两个时期土壤含水率对液流的影响（Kume et al.，2007）。

　　基于最大熵增（maximum entropy production，MEP）的蒸发蒸腾量模型，是近十多年来 Wang 和 Bras 将非平衡热力学系统中最大熵增理论的最新理论进展（Dewar，2005），引入计算地表能量平衡和蒸发蒸腾量，通过系统地理论分析提出新的 ET 计算模型（Wang et al.，2009），可用于裸地蒸发和冠层蒸发蒸腾的计算模型。MEP 模型不同于经典的基于物理机制方法（例如 Penman 公式和 Penman-Monteith 公式），Wang 和 Bras（Wang et al.，2011）认为，MEP 模型是在给定可用信息的条件下寻求最好的预测，而经典的物理机制模式是在可控的物理条件下研究基本规律。Wang 和 Bras 建立 MEP 蒸发蒸腾模型不是一蹴而就的，而是从最大熵增理论入手，先求解模型参数表达式的假设和推定，后计算最简单的裸地热通量计算，再解决单一冠层的蒸发蒸腾量计算。目前 MEP 模型在气候学、全球地表热通量、水文过程等均有广泛应用，例如 Goody 将 MEP 模型应用于气候理论认为，MEP 有利于处理单一气候过程和诊断模块，但计算地表气候状态仍有困难，Juretic 和 Zupanovic 发现，MEP 模型可能控制植物的光合作用过程，Kleidon 和 Zupanovic 认为 MEP 理论可解释在宽域的时空尺度下物质输运现象远离平衡系统状况。

　　MEP 的蒸发蒸腾模型揭示了宏观状况上所能达到最大可能的蒸发蒸腾量，在预测地表热通量时需要的输入参数只有 3 个，即表面温度、比湿度和净辐射，但它不是一个动力模型，不能预测温度和湿度随时间的演变过程。MEP 的蒸发蒸腾模型是基于 Bayes 概率原理得到的，它的优势集中体现在需要的参数少和输入参数不敏感，给定 3 个输入参数可得到唯一解。当前 MEP 模型的理论构建和计算方法并不完善，主要的假定有 3 个：①假定热量和水蒸气在大气则推断得到的，它优势集中体现在需要的参数少和输入参数不敏感，给定 3 个输入参数可得到唯一解，与边界层的运动机理相同；②ET 计算取决于表面土壤温度和湿度；③蒸发表面液态水和水蒸气处在平衡状态。可见，MEP 的蒸发蒸腾模型仍处在摸索过程中，有待进一步验证和率定、改进计算表达式以提高其适用范围。

第 2 章　研究内容及方法

2.1　研 究 内 容

蒸散发是一个范围相当广泛的概念，如果把土壤-植物-大气系统看做是地球表层中的一个界面，那么，这个界面就是一个物理、化学和生物的过程，也是物质迁移和能量循环最为强烈的活动层。在这一系统中水分的运动和循环最为活跃，而在水循环的几个环节中，蒸发是一个重要的组成部分，是水分平衡、热量平衡的主要项。同时，蒸发过程联系到空气近地面层乱流交换的特征及规律，又与植物的生理活动以及生物产量的形成有着密切的关系。为此，必须对土壤水分运动、植物水分传输、蒸发面与大气间的水汽和热量交换等各个环节进行研究，才能对蒸散发有全面的认识。蒸散发与国民经济中的许多问题有着密切的联系，几乎所有有关农业、林业和水资源问题的研究，都离不开蒸散发的计算与分析。全面了解蒸散发的规律，选择合适的方法计算农田及林地蒸散耗水量，对于发展节水农业、加强水资源管理、提高水分利用效率和模拟预测生物产量，均具有重要的现实意义。

影响树干液流的两个主要因素为树木特性和环境因子，其中影响树干液流的重要树木特性有叶水势、小枝水势、根水势、植物的水力结构、整个植物体的水容等；环境因子中又分为土壤因子和气象因子。土壤因子中最重要的有土壤含水量、土壤水势、土壤比水容量、土壤导水率、土壤温度等。重要的气象因子有太阳总辐射、风速、空气相对湿度、温度、大气水势等。根据国内外研究现状，确定本书研究内容如下。

（1）室内试验仪器校正，精确测定植株的液流，反映植株蒸腾耗水情况。

（2）室外测量植株的蒸腾日变化及月际变化。

（3）利用单因子和多因子分析法建立蒸腾与微环境因子的数学关系，以寻求蒸腾的预测模型。

（4）研究植株蒸腾、树枝液流与叶片蒸腾之间的关系。

（5）探讨蒸腾相对环境因子的时滞。

2.2　研　究　方　法

2.2.1　试验区概况

试验于 2005 年 8 月～2006 年 10 月在鲁东大学校园内进行。地理位置 $37°14'N$，$121°27'E$，海拔 63m。年均气温 11.8℃，年均风速 4～6m/s，多年平均降水量 651.9mm，年均相对湿度 68%，年均日照时数 2698.4h，无霜期 210d，属暖温带大陆性季风气候。土壤属棕壤，土层厚度 3m 左右，根系活动层土壤pH 6.2～6.7，有机质含量 14.23g/kg，全 N 含量 1.09g/kg，速效 P 含量 11.42mg/kg，土壤容重 1.34g/cm³ 左右，地下水位 2～3m。

2.2.2　茎热平衡法测量树干液流原理

当茎流计的热源以恒定的功率 P_{in} 作用于茎秆或枝叶后，传输给茎秆或枝叶液流的能量在不考虑茎秆或枝叶本身热容量的情况下，可以分解为 3 个部分：一部分用于与垂直方向上的水流进行热交换 Q_v，一部分以辐射的形式向四周散发 Q_r，最后一部分随着茎秆或枝叶内液流的上升向上传输 Q_f（图 2-1）。

这种能量的平衡方程式可用式（2-1）表示为

$$P_{in} = Q_v + Q_r + Q_f \tag{2-1}$$

根据欧姆定律得

$$P_{in} = V^2/R \tag{2-2}$$

用于垂直方向上热交换部分的能量 Q_v，可以分为向上的热交换 Q_u 与向下的热交换 Q_d 两部分，可用式（2-3）表示：

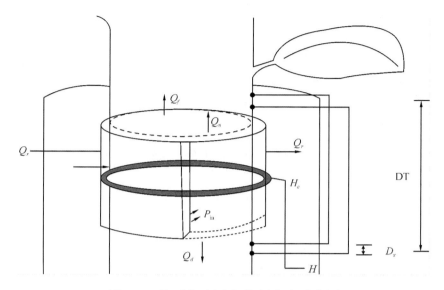

图 2-1　热平衡法测定茎秆液流示意图

$$Q_v = Q_u + Q_d \tag{2-3}$$

根据 Fourier 定理，向上的热交换与向下的热交换可以分别用式（2-4）和式（2-5)表示：

$$Q_u = K_{at} \cdot A \cdot dT_u / d_x \tag{2-4}$$

$$Q_d = K_{at} \cdot A \cdot dT_d / d_x \tag{2-5}$$

式中，K_{at} 为茎秆或枝叶的热传导特性，单位 W/(m·K)；A 为茎秆或枝叶的横截面积，单位 m^2；dT_u / d_x 为向上热传导时的温度梯度，单位℃/m；dT_d / d_x 为向下热传导时的温度梯度，单位℃/m；d_x 为测定温度梯度时两个热电耦点间的距离，单位 m。

以辐射形式向四周散发的能量部分可用式（2-6）计算：

$$Q_r = K_{ah} \cdot CH \tag{2-6}$$

式中，CH 为辐射热电堆的电压，单位 mV；K_{ah} 为护罩的导电性，单位 W/(m·V)，它是一个与传感器护罩的导热特性和护罩内外半径均相关的物理量，可以通过求解零流率（即 $Q_f = 0$）时的能量平衡表达式得到

$$K_{ah} = (P_{in} - Q_v) / CH \tag{2-7}$$

辐射热流的展开式为

$$Q_r = \frac{2\pi K_{co} L(T_i - T_o)}{\ln (r_i/r_o)} \qquad (2-8)$$

式中，K_{co} 表示传感器护罩的导热常数；L 为柱体护罩的长度，单位 cm；T_i 为护罩内侧的温度，单位℃；T_o 为护罩外侧的温度，单位℃；r_i 为护罩的内径，单位 cm；r_o 为护罩的外径，单位 cm。

对于包裹式茎流计来说，传感器的内外径已确定，用一个物理量 K_{ah} 即可描述以上的参数和常数，并且 K_{ah} 与辐射热流成稳定的函数关系：

$$Q_r = K_{ah}(C - H_c) \qquad (2-9)$$

式中，$C - H_c$ 表示的是护罩内外侧因温度差异而导致的电压差。在数据处理中，每次采样时的 K_{ah} 值都被计算出来，但只有液流为 0 时计算出的值才有意义。在现实情况下，液流速率为 0 的条件很难达到，因此通常定义研究区间内最小的液流量为 0 液流量。

将以上计算所得的数值以及测量的温度增量值、水的热容量代入能量平衡表达式（2-2），就可以求解出茎秆或枝叶中的水流通量 F。

$$F = \frac{P_{in} - Q_v - Q_r}{C_p \cdot dT} = \frac{P_{in} - Q_u - Q_d - K_{ah} \cdot CH}{C_p \cdot dT}$$
$$= \frac{P_{in} - K_{at} \cdot A \cdot (dT_u + dT_d)/d_x - K_{ah} \cdot CH}{C_p \cdot dT} \qquad (2-10)$$

式中，C_p 为水的比热，单位 J/(g·℃)；dT 为上下两个温度监测点间茎秆水流温度的变化值，单位℃。

2.2.3　材料与方法

本试验采取室内试验和室外试验相结合的方法测定植株蒸腾及微环境因子。

室内试验在鲁东大学地理与资源管理学院土壤实验室内进行，试验对象为盆栽龙爪槐，样木胸围 18cm，株高 286cm，冠幅 243cm×235cm。试验进行中用塑料薄膜包裹花盆，以避免花盆土壤水分蒸发。利用精度为 0.001kg 的电子秤每天 7：00 和 19：00 称重，同时利用美国 Dynamax 公司生产的 AZ-M 茎流系统的 SGB50 探头测量树干液流。为了防止太阳辐射对探头的影响，在安装好探头后再在探头的外层包裹上 3 层铝箔，探头通过 SF2-135 数据转换器与数据采集器 (channel data logger) 连接，利用 12V 铅蓄电池给数据采集器供电。茎流计数据采样间隔为 15s，每 10min 进行平均值计算并记录下来。在忽略树干失水及树干水容调节的条件下，两次称重差即为植物蒸腾耗水量。

　　室外试验在鲁东大学树林内进行，树林面积为 255m²，平均株高为 280cm，主要树种为龙爪槐。选择长势良好、树干通直、冠幅适中、树皮光滑、无病虫害的 3 株龙爪槐 (*Sophora japonica f. pendula*) 作为被测样木，3 棵树的平均液流即为树干液流。样木平均胸径为 5.2cm，株高为 270cm，冠幅为 250cm×230cm。在距离地面 130cm 处安装 SGB50 茎流传感器，以避免近地面冷液流的影响 (Bariac et al.，1989)；在每棵树的两个树枝 (周长约为 14cm) 部位安装 SGA5 茎流传感器，两个传感器测量数值的平均值即为单个植株的树枝液流值，3 株树木的单个植株的树枝液流平均值为植株树枝液流值。在光滑的茎段上用小刀将树干外的死树皮刮去，在刮树皮不损伤树干的韧皮部，再用细砂纸将其打磨光滑，涂上一层很薄的硅胶树脂 (G4 型)，防止水分顺树干进入测定部分或者水气的液化，保护探头不受损伤并阻止与树干粘连 (马玲等，2005a)。然后用 O 形环将探头的上下两头密封，为了防止太阳辐射对探头的影响，安装好探头后，再在探头的外层包裹上 3 层铝箔。探头通过 SF2-135 数据转换器与数据采集器 (channel data logger) 连接，利用 12V 铅蓄电池给数据采集器供电。为了测量树干的水容情况，在被测样木的附近选取胸围和冠幅相近的龙爪槐，用生长锥在树干处钻孔，以确定边材深度，然后利用手摇钻在垂直方向转取 3 个直径为 3mm 的小孔，安装 TRIM-FM 土壤水分测量系统的插针式探头，每 10min 读数并记录下来。为了控制土壤含水量，在每棵样木的树根、树冠的垂直地面投影的中间和边缘位置埋设 TRIM-FM 土壤水分测量系统的探管，利用 TRIME-T3 探头监测土壤含水量动态，土壤含水量控制在田间持水量的 65%～70%。在距样木 3 m 的空地上安置澳大利亚 PTY 公司生产的

AXWG03 自动气象站，自动气象站可同步观测气温（x_1，℃）、土壤温度（x_2，℃）、太阳总辐射量（x_3，W/m²）、风速（x_4，m/s）、大气相对湿度（x_5，%）和光合有效辐射量 [x_6，μmol/(m²·s)] 等环境因子。利用英国 PPS 公司生产的 CIRAS-1 型便携式光合作用测定系统测量叶片蒸腾速率。

　　土壤含水量一直被认为是影响植物蒸腾的最主要因素之一。一般认为，土壤水分供应充足时，植物的耗水率大，反之则小（徐德应，1993）。但很难从本质上建立起土壤含水量与植物蒸腾之间的固定关系模式，这可能一方面与土壤性质和含水量本身存在着较大的空间变异有关；另一方面与有些植物蒸腾主要受其他天气变量影响有关。土壤含水量对于植物蒸腾的影响还表现在土壤水分胁迫时对气孔关闭的调控，目前有 2 种机理解释：一种认为由于大气湿度的下降而引起气孔的关闭，称之为"前馈式反映"（Schulze，1986）；另一种认为随着叶水势的下降，ABA 的增加诱导了气孔关闭，称之为"反馈式反映"（Farquhar，1978）。另外，土壤质地能通过影响土壤的孔隙结构和供水性能，进而影响土壤中水的运动特性及水分有效性，最终影响植物的蒸腾（刘世荣等，2007）。考虑到土壤水分对植株蒸腾影响的复杂性，整个试验在充分供水的条件下进行，土壤水分状况不予考虑。自动气象站和茎流计数据采样间隔均为 15s，每 10min 进行平均值计算并记录。

第3章 仪器校正及龙爪槐蒸腾测量

3.1 仪 器 校 正

测量植株蒸腾的方法有很多种，其中称重法是其他各种方法的校正依据。为了了解液流法所测结果的精确性，有必要在室内条件下对该方法进行可行性检验。将一株高 2m、胸径 4.6cm、树龄为 2 年的龙爪槐移植至室内一铁桶，桶高 1.2m，直径为 1m。在树干上安装 SGA3 包裹式探头以采集植株蒸腾数据。为了防止土壤蒸腾对测量结果的干扰，在土壤表层覆盖一层 5cm 深的细沙。由于龙爪槐个体较小，在不考虑树枝、树叶水容的条件下，通过树干的液流量可以近似等于植株的蒸腾耗水量(Fredrik et al.，2002)。根据树干液流速率与数据采集间隔可以推算时段液流量，盆栽龙爪槐每两次称量的差值即蒸腾耗水量。

由于晴天的数据最具有代表性，将 11 个连续晴天的液流数据和早晚称重所得的重量数据进行回归分析，得到液流量与蒸腾耗水量之间的关系如图 3-1 所示。

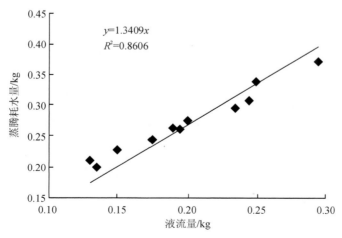

图 3-1 植株蒸腾量与液流量的关系

通过相关分析可知，二者的相关系数为 0.988，达到极显著水平（相关系数临界值，$a=0.01$ 时，$r=0.7348$）。液流量与蒸腾耗水量线性回归模型的决定系数为 0.861（图 3-1），说明利用测得的液流反映植株蒸腾耗水是可行的，且二者的转换关系为

$$y_e = 1.3409 x_f \qquad\qquad (3\text{-}1)$$

式中，y_e 为植物蒸腾耗水量，单位 kg；x_f 为液流量，单位 kg。本书龙爪槐的蒸腾量均按式（3-1）由茎流系统测量的树干液流量转化而来。

刘海军等应用热扩散法测定香蕉树蒸腾速率，并与用数字天平（称重法）测定的香蕉树蒸腾速率进行对比试验。结果表明，Granier 法确定的茎液流速率和称重法测定的蒸腾速率日变化过程非常吻合。Granier 法测定的峰值较实测的峰值陡，茎液流速率在达到最大值之前要落后于蒸腾速率约 1h。Braun 等试验发现，Granier 法测定的葡萄树茎液流速率落后于实测蒸腾速率 20min，并把原因归结于早晨叶片上凝结露珠的蒸发和植株组织内含水量对茎液流的缓冲。与葡萄树相比，Granier 传感器以上植株中的水分对茎液流的缓冲作用更加明显。在 13：00～15：00，茎液流速率要小于蒸腾速率，但是两者相差较小；在 15：00～17：00，蒸腾速率接近于零，茎液流速率要大于蒸腾速率，以补充树干水分亏缺。

Granier 法测定的日茎液流量和称重法测定的蒸腾量基本一致，说明用 Granier 法测定香蕉树的蒸腾量是可行的。当 Granier 传感器正常工作以后，得到的茎液流量要稍微小于称重法得到的蒸腾量。Granier 法测定的日蒸腾量比称重法确定的值低 4%，可能是没有考虑根茎横截面上其他部分的水分传输。Lu 等的试验显示，在根茎横截面上，中心区域为水分传输的主要区域，而其他部分也有少量的水分传输。用称重法和 Granier 法测定的日蒸腾量的回归方程显示，当日蒸腾量低于每株 0.09L，即 0.05L/m²（活性叶面积）时，Granier 法不能测到茎液流。

3.2　龙爪槐蒸腾测量

夜间蒸腾是夜间土壤液态水进入根系后，通过茎输导组织向上运送到达冠层并转化为气态水扩散到大气中的过程。过去由于受液流测定技术（不能准确地测定较低的液流速率、零液流速率及负液流速率）和微气象技术（缺乏夜间湍流数据而很难估测生态系统尺度上的夜间水分损失）的限制（Fisher et al.，2007），传统理论假设植物在夜间气孔是关闭的，基于这一假设认为植物在夜间不会发生蒸腾水分损失现象。20 世纪 90 年代以来，随着液流和微气象技术的发展，已在叶片、单株和冠层等不同尺度对不同生活型、不同光合作用途径及不同生境物种的夜间蒸腾进行了观测和试验研究，基于观测，越来越多的证据显示一些植物会在夜间开启气孔并且有蒸腾失水（Dawson et al.，2007；Bucci et al.，2004；Snyder et al.，2003）。然而，传统的许多生态水文模型都很少考虑夜间蒸腾的影响。冠层尺度，长期以来蒸散方程往往将净辐射作为上限，当没有太阳辐射时，一些模型将夜间蒸散归为零（Baldocchi，1994）；生态系统尺度，如果夜间水分损失发生，涡动通量塔将丢失有关潜热通量的关键信息（Fisher et al.，2007），在生态系统水分收支计算时势必会造成重大的误差（Jarvis，1976）。因此，这一过程的发生将改变以往对水分平衡模型的认识。

3.2.1　不同天气条件下蒸腾日进程

在龙爪槐的生长旺期（2006 年 8 月），分别选取典型雨天（7 日）、晴天（21 日）和阴天（23 日）天气条件下的树干液流进行蒸腾速率日进程分析（图 3-2）。其中晴天以云量小于 0.1 或云量虽大于 0.1，但云层极稀为准；雨天以降水量超过 0.1mm 为准；多云天气和阴天一并统计。

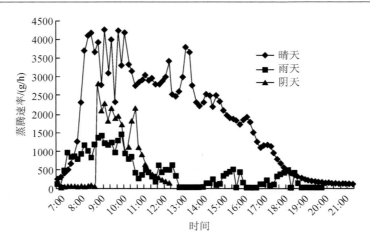

图 3-2　不同天气条件下蒸腾速率日进程

　　岳广阳等用以热平衡为原理的 Dynamax 包裹式茎流测量系统，对不同天气条件下小叶锦鸡儿茎流及耗水特性进行了研究，分别选取 4 种最典型的天气条件，分析了小叶锦鸡儿的茎流变化、单枝耗水量及其与气象因子的关系（岳广阳等，2007）。研究表明，典型晴天条件下小叶锦鸡儿的茎秆液流通量密度日变化趋势均呈"几"字形的宽峰曲线。液流启动时间在 5：00 左右，之后迅速上升至高峰状态。液流高峰前后可持续 8～10h，其间液流通量密度值上下波动很小，峰值不明显，在 41.2～52.6mg/h。通常，液流速率在 17：30 左右开始急剧下降，20：00 基本降至极低值，之后进入夜间液流的微弱活动阶段。

　　阴天条件下，小叶锦鸡儿的液流变化通常为多峰曲线。液流的启动时间在 4：30～6：00，液流通量密度值的上升过程很不稳定，且时间延长。进入液流活跃阶段后，其没有明显的液流高峰状态界限，波动较大，出现多个峰值（34.5～42.8mg/h）。但出现的时间并不固定，阴天液流下降得非常迅速，在 19：30 已达最低值。7 月 17 日与前述不同，液流日变化进程始终保持在较低的状态，峰值仅为 15.4mg/h，显著低于晴天时的水平。

　　大风天气下，小叶锦鸡儿的液流变化进程为显著的多峰曲线，或呈低矮的不规则曲线。6 月 6 日和 6 月 7 日的液流变化进程曲线明显，液流的启动时间均为 4：30。液流的上升幅度比晴天时略小，高峰状态持续时间分别为 8.5h 和 10h，其间有明显的波动变化，液流最大值分别为 46.9mg/h 和 41.2mg/h。在 7 月 20～22 日连日的大风天气条件下，液流曲线变化幅度很小，形状不规则且趋势不明显，液流最大值分别为 12.8mg/h、15.2mg/h 和 13.6mg/h。

在雨天，小叶锦鸡儿的液流通量密度日进程曲线呈多峰、单峰或直线型变化。6 月 24 日和 6 月 25 日为多峰状态，夜间液流通量密度值有大幅度的起落，但峰值介于 24.2～38.2mg/h；6 月 30 日出现了液流日变化曲线的单峰状态，最大值达 44.2mg/h；6 月 13 日、6 月 29 日则是液流活动的极低状态，日变化表现为一条直线。

由图 3-2 可知，晴天的植株蒸腾速率数值较大且从 7：00 开始启动，8：00 开始迅速上升，8：40 达到一个较大值 4189g/h，之后在这一数值附近波动，较高数值一直持续到 13：30。14：30 蒸腾速率开始下降，17：30 迅速下降，19：50 下降到一个较低值 175g/h，之后在这一较低值附近波动。午间的液流值没有随着太阳辐射和温度的持续上升而上升，这可能与气孔的午间关闭有关。雨天的植株蒸腾速率数值较低且从 7：10 开始启动，18：50 开始下降，分别在 9：10、12：40、15：40 和 18：20 出现高峰值。这可能是因为降雨增大了空气湿度，叶片内外的蒸气压梯度大大降低，降雨还促使叶片气孔关闭，从而制约了上升液流。阴天的蒸腾速率启动较晚且从 11：20 开始启动，12：00 达到一天中的最大值 2828g/h，之后至 15：40 有一个短时间的波动，16：40 开始迅速下降，18：40 下降到一个较低值 190g/h。阴天太阳辐射较弱，叶片气孔开度相对较小，蒸腾速率也相应减小。张小由等通过对 25 年树龄胡杨树干断面液流流速曲线的研究发现，在一天内液流变化呈不规则曲线趋势，但白天平均流速大于晚上，白天流速具有流速剧减的现象，称为"液流流速的午休"。引起"午休"现象的原因很多，主要有两类，一是白天气温较高，羧化效率下降；二是由于缺水引起的气孔导度降低，造成水分胁迫。对于胡杨而言，由温度引起的"午休"可能性很小。主要原因在于一般在 25～35℃温度范围内，并不引起酶的钝化。蒸腾速率"午休"主要是由于干旱区植物具有为了保存植物体内的水分，短暂关闭或减小叶片气孔开合程度，降低植物体内水分蒸腾所致。在晚上，液流仍然存在，这并不表明此时树木仍有蒸腾，而是植物为了补充体内水分亏缺，由于根压的作用，水分以主动方式吸收进入体内，补充白天植物蒸腾丢失的大量水分，恢复植物体内的水分平衡。

夜间蒸腾是夜间土壤液态水进入根系后，通过茎输导组织向上运送到达冠层并转化为气态水扩散到大气中的过程。过去由于受液流测定技术（不能准确地测定较低的液流速率、零液流速率及负液流速率）和微气象技术（缺乏夜间湍流数据而很难估测生态系统尺度上的夜间水分损失）的限制，传统理论假设植物在夜间气孔是关闭的，基于这一假设认为植物在夜间不会发生蒸腾水分损失现象。20世纪90年代以来，随着液流和微气象技术的发展，已在叶片、单株和冠层等不同尺度对不同生活型、不同光合作用途径及不同生境物种的夜间蒸腾进行了观测和试验研究，越来越多的证据显示一些植物会在夜间开启气孔并且有蒸腾失水。

目前，液流技术可实现对植物昼夜水分利用循环连续、准确的观测，但无法确定茎流仪观测到的夜间液流是通过植物的冠层蒸腾了还是用于补充植物由于白天蒸腾引起的水分亏缺。因此，有关夜间液流的一个关键问题是如何区分夜间蒸腾和树干水分补充。另外，相比于日间蒸腾，夜间蒸腾的量级虽然较低，但驱动夜间蒸腾的因素可能非常复杂，受更多不同层次变量的控制，这一现象的驱动力到底是环境驱动还是生理需要，需要对夜间蒸腾的驱动因子进行一个全面的理解。夜间蒸腾作为一个不可避免的过程具有重要的生态水文效应，对植物水分关系和生态系统水文过程的潜在影响十分重要，夜间蒸腾到底具有哪些生态水文效应，需要进行深入研究。

早期夜间蒸腾的研究主要集中在农作物上，研究对象包括苜蓿、黄豆、高粱、猕猴桃、小麦、甜椒、茄子、番茄和向日葵等。目前，部分学者已对不同生活型的物种（包括一年生草本、多年生草本、灌木、乔木）、不同光合作用途径的物种（C_3和C_4）和不同生境的物种（如湿地、沙漠、萨瓦纳、温带落叶林与常绿阔叶林和亚高山带丛林）的夜间蒸腾进行了观测和试验研究。越来越多的结果显示，夜间植物会开启气孔并且有蒸腾失水。Oren 等研究发现夜间冠层导度对水汽压差具有高度的敏感性，说明夜间液流用于冠层的蒸腾；Benyon 通过对桉树液流通量的测定发现桉树并不存在夜间水分补充，进一步证实了夜间蒸腾的发生。

3.2.2　蒸腾日进程的月际变化

树木液流的日变化主要受气候条件影响，但在较长的时间尺度上（例如季节），液流的变化很大程度是受土壤的水分条件和树木本身的根系所控制（Pataki et al.，1998）。由于晴天的蒸腾速率更具有代表性（图 3-2），分别选取8～10月每月的连续 3 个晴天（8 月 2～4 日，9 月 11～13 日，10 月 6～8 日）同时刻的平均蒸腾速率作为蒸腾速率的月际变化研究对象。蒸腾速率的月际变化如图 3-3 所示。

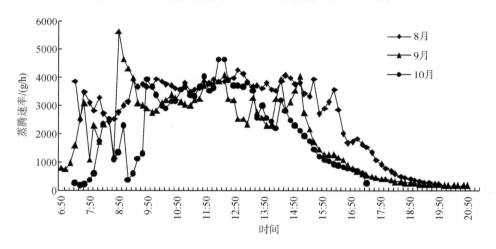

图 3-3　蒸腾速率日进程月际变化

由图 3-3 可知，随着时间的推移，蒸腾启动时间逐渐推迟（8～10月分别为 6：30、7：10 和 8：30），下降时间逐渐提前（8～10月分别为 17：10、16：20 和 16：00），蒸腾速率的平均最高值逐渐降低（8～10月分别为3720g/h、3298g/h 和 2986g/h）。这可能是因为在水分供应充分的条件下，蒸腾速率的启动和大小受太阳辐射的影响较大，随着时间的推移，太阳辐射强度达到最大值的时间逐渐推后，且最大太阳辐射强度也在降低，表现为蒸腾速率的启动时间推后，最大值逐渐降低。不少学者的研究发现，当平均水汽压差值偏高时，植物的气孔导度会大幅下降，因而会限制蒸腾。

3.2.3 树干含水率的日变化

树体水容（water capacitance）是指单位水势变化而引起树体组织含水量的变化值。由于树体组织具有一定的储水功能，白天组织储存水可以调出参与蒸腾，夜间又可以得到回填和补充。但其量值大小因树种及组织而异，它对树木水分状况的影响和作用也不尽相同，往往表现出不同的适应性和调节机制。因此，国内外许多学者把储存在树体组织中的水看成类似电容器中储存的电能。所以说，树体水容是反映土壤-植物-大气连续体（SPAC）系统中的重要水力学参数，是树木调节水分吸收、传输和蒸腾的内在生物学特征值。它在调节树体内水分收支平衡和 SPAC 系统水分关系中发挥着重要作用。树体水容及其作用已成共识，并越来越引起人们的重视。研究表明，树体水容具有调节蒸腾耗水的作用（温仲明等，2005），且与树种的耐旱特性有关。由于树体组织水容调节能力存在着一定时空规律，国内外有关学者已根据其水容特征变化规律，实现了 SPAC 水分传输的瞬态模拟。

2006 年 8 月 21 日利用 TRIM-FM 土壤含水率测量系统测得的龙爪槐树干含水率日变化如图 3-4 所示。

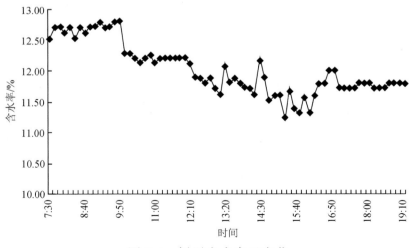

图 3-4　树干含水率日变化

由图 3-4 可知，在 7：30～19：20 的树干含水率测量中，最大值为 12.8%，最小值为 11.2%，变异系数仅为 0.03，说明在一天之中树干含水率的变化是很小的，即树干为叶片蒸腾输水后，根部及时补充树干水分损失，本试验中树干的水容作用很小，可以忽略不计，同时也进一步证明了利用树干液流反映植株蒸腾的可行性。

3.3 小　　结

利用称重法与利用液流法测量的植株蒸腾耗水量相关系数达到 0.988 极显著水平，说明利用树干液流反映植株蒸腾耗水是可行的。

室外不同天气条件下的植株蒸腾测量表明，晴天的植株蒸腾数值较大，午间的蒸腾值没有随着太阳辐射和温度的持续上升而上升，这可能与气孔的午间关闭有关；雨天的植株蒸腾速率数值较低，这可能是因为降水增大了空气湿度，叶片内外的蒸气压梯度大大降低，降水还促使叶片气孔关闭，从而制约了上升液流，表现为蒸腾较低；阴天太阳辐射较弱，叶片气孔开度相对较小，蒸腾速率也相应减小。

植株蒸腾速率的月际变化分析表明，随着时间的推移，植株蒸腾启动时间逐渐推迟，这可能是因为在水分供应充分的条件下，蒸腾速率的启动和大小受太阳辐射的影响较大，随着时间的推移，太阳辐射强度达到最大值的时间逐渐推后，且最大太阳辐射强度也在降低，表现为蒸腾速率的启动时间推后，最大值逐渐降低。

树干含水率的日变化测量表明，一天中树干含水率变化较小，树干的水容作用很小，可以忽略不计，进一步证明了在本试验中利用树干液流反映植株蒸腾的可行性。

第 4 章　龙爪槐植株蒸腾预测模型

精确建立蒸腾与环境因子的关系，不但能揭示环境因子对植物水分生理变化的影响，而且还可以利用环境因子参数预测植物蒸腾耗水量，为植物适时适量供水提供理论依据。有关环境因子与蒸腾速率模型的研究国内外少见报道，鉴于此，作者尝试利用新的数学模型来拟合二者之间的关系，以求精确表达植株蒸腾。由于晴天的数据代表性较好，因此若无特殊说明，以下蒸腾预测模型的数据均取自 2006 年 8 月份晴天（2～4 日的同时刻平均值，为了消除偶然因素对分析结果的影响，3 日均为气象条件相似的晴好天气）的蒸腾、微环境数值。

4.1　龙爪槐植株蒸腾与环境因子的一元回归分析

相关分析是研究现象之间是否存在某种依存关系，并对具体有依存关系的现象探讨其相关方向以及相关程度，是研究随机变量之间相关关系的一种统计方法。

树木液流的变化除受到树木的生物学结构、土壤供水水平影响外，还受到周围气象因素的制约（孙鹏森等，2000）。在晴朗的白天，林木的蒸腾速率随风速的加大而提高，而在夜里或阴雨天，风速的影响不大。风速超过一定大小后，风速的加大反而会降低液流水平（马达等，2005）。由于林内风速的变化无规律可循，完全受大气气流运动的影响，因此对液流的影响十分复杂；土壤温度的变化与空气温度的变化趋势一致，但由于土壤具有巨大热容性和热传导阻力，所以其波动远远滞后于空气温度变化进程，不适合分析短期变化；比起太阳辐射和空气温湿度，土壤含水量的变化幅度要小得多，也慢得多。太阳辐射、大气相对湿度、温度和风速是影响植物蒸腾的最主要的微气象因子。太阳辐射对于蒸腾的影响表现在两个方面：一是可见光能影响气孔的开闭，大多数植物的气孔在无光条件下关闭；二是太阳辐射能影响叶面的温度，改变叶面的能量平衡，为植物的蒸腾提供能量。大气相对湿度通过改变植物叶片与大气之间的水汽压差（饱和差）而改变蒸腾的驱动力。但通常大气相对湿度的大小不能说明蒸腾的强弱，因为在不同温度下即便相对湿度相同，其水汽饱和差差别也很大。然而，在同一温度下，植物的蒸腾强度会随着大气相对湿度的提高而下降（Kumagai et al.，2004）。温度对于植物蒸腾作用的影响主要表现在显著地改变叶片内外的水汽梯度-饱和差，从而影响蒸腾速率的强弱。当温度升高时，叶片内部水汽压急剧增加，而大气水汽压相对稳定，致使两者之间的饱和差大大提高，因此就会显著地提高植物蒸腾的速率。相比之下，风对于植物蒸腾作用的影响较为复杂。一方面弱风将叶片周围的水汽浓度较高的空气带走并换来相对更不饱和的空气，使水汽扩散的梯度加大，从而加快植物蒸腾；另一方面，风能降低叶片表面的温度而降低植物蒸腾。通常，大风会通过加快叶片的迅速失水而导致气孔关闭。另外，风速还可以通过改变边界层导度而影响植物群落的蒸散量（刘建立等，2009）。

利用液流速率与同时刻的环境因子进行相关分析，结果如表 4-1 所示。

表 4-1　环境因子与液流速率的相关系数矩阵

	空气温度	土壤温度	太阳总辐射	风速	相对湿度	光合有效辐射
蒸腾速率	0.825**	0.145	0.822**	0.041	−0.548**	0.827**

注：** 双尾检验关联程度显著（在 0.01 水平上）。

由环境因子与蒸腾速率的相关系数可知，6 个环境因子中气温、太阳总辐射、相对湿度和光合有效辐射与蒸腾速率的相关性通过 0.01 水平上的双尾显著性检验，达到极显著水平，其中相对湿度与蒸腾为显著负相关；土壤温度和风速与蒸腾速率的相关程度相对要小，风速与蒸腾速率的相关性最弱，相关系数仅为 0.041。然而，影响树干液流的环境因子会因树木种类和生长期而发生变化，而且这些环境因子之间并不是独立存在和作用的，而是相互制约、相互协调的。在足够

　　干旱的条件下，树木耗水量与土壤含水量和辐射强度的相关性显著（石青等，2004；Mcllroy，1984），而在土壤含水量相对充足的湿润地区，树木耗水量则与直接作用于蒸腾作用介质（以叶片为主）的水汽压亏缺和辐射强度等环境因子更为相关（Chelcy et al.，2004）。孙慧珍等（2002）研究发现，白桦（*Betula platyphylla*）树干液流是空气相对湿度、空气温度和辐射共同作用的结果，但这 3 个因子在不同生长阶段的作用是不同的。而对元宝枫（*Acer truncatum*）的研究表明，随着时空位移的变化，影响树干边材液流的主导因子也随着发生变化，只有空气温度在任何情况下都是影响液流的主导因子，其他环境因子则对某些观测时段和树干部位的液流产生作用（王瑞辉等，2006）。因此，影响液流密度的因子十分复杂，对相关环境因子，例如土壤水分、温度、湿度和太阳辐射等的监测和研究具有十分重要的意义。

　　回归分析是研究因变量和自变量之间变动比例关系的一种方法，最终结果一般是建立某种经验性的回归方程。分别利用 6 个环境因子与蒸腾速率进行一元回归分析，由回归结果（表 4-2）可知，空气温度、太阳总辐射和光合有效辐射量与蒸腾的回归效果相对较好，决定系数均在 0.67 以上，相对湿度、土壤温度和风速与液流速率的回归效果相对较差，这与相关分析的结果是一致的。

表 4-2　环境因子与蒸腾速率的单因子回归

	空气温度	土壤温度	太阳总辐射	风速	相对湿度	光合有效辐射
回归方程	$y=712.27x$ -18055	$y=489.95x$ -10591	$y=4.075x$ $+1292.2$	$y=30.737x$ $+2696.1$	$y=-129.49x$ $+13074$	$y=1593.7x$ $+1292.9$
决定系数	0.681	0.021	0.676	0.002	0.300	0.684

4.2　龙爪槐植株蒸腾与环境因子的多元统计分析

　　多元统计分析是从经典统计学中发展起来的一个分支，是一种综合分析方法，它能够在多个对象和多个指标互相关联的情况下分析它们的统计规律，很适合农业科学研究的特点。20 世纪 30 年代，费希尔、霍特林、许宝碌以及罗伊等作出了一系列奠基性的工作，使多元统计分析在理论上得到迅速发展。20 世纪 50 年代中期，随着电子计算机的发展和普及，多元统计分析在地质、气象、生物、医学、图像处理、经济分析等许多领域得到了广泛的应用，同时也促进了理论的发展。各种统计软件包例如 SAS、SPSS 等，使实际工作者利用多元统计分析方法解决实际问题更简单方便。重要的多元统计分析方法包括：多重回归分析（简称回归分析）、判别分析、聚类分析、主成分分析、对应分析、因子分析、典型相关分析、多元方差分析等。植株蒸腾速率的大小受多种因素的影响，利用单环境因子对蒸腾进行回归分析进而表示蒸腾的做法具有一定的局限性。

4.2.1　环境因子与蒸腾速率的多元线性回归分析

多元线性回归和逐步回归是最常用的多元分析方法。在回归分析中，如果有两个或两个以上的自变量，就称为多元回归。事实上，一种现象常常是与多个因素相联系的，由多个自变量的最优组合共同来预测或估计因变量，比只用一个自变量进行预测或估计更有效，更符合实际。因此多元线性回归比一元线性回归的实用意义更大。

李彦等利用 FAO Penman-Monteith（1992）公式，根据新疆生产建设兵团农七师 127 团 2004 年 7～8 月每日的气象资料，计算了逐日参考作物潜在腾发量，建立与实测的日平均气温 T、日照时数 N、风速 W、相对湿度 RH 的相关关系，共得到 15 个回归方程。在这 15 个回归方程中，又依据自变量数目的差异在相同自变量数、不同组合内挑选相关系数最大的组合，获得多元线性回归法预测 ET_0。从相关性分析中可以看出，所有的多元线性回归法预测 ET，模型都达到极显著水平。因此可根据获得的气象资料来估算农作物蒸散量 ET_0 值（李彦等，2005）。

从相关性分析中可以看出，所有的多元线性回归法利用环境因子与蒸腾进行多元线性回归分析，得到回归方程及回归方程系数如式（4-1）和表 4-3 所示。

$$y = -97356.820 + 1615.997x_1 + 952.067x_2 + 3.273x_3 + 55.675x_4$$
$$+ 332.763x_5 - 1082.484x_6 \quad R^2 = 0.897 \tag{4-1}$$

表 4-3　环境因子与蒸腾速率多元线性回归方程系数及其检验水平

变量	系数	标准误差	t 值	显著水平 p
b_0	−9 7356.820	20746.630	4.693	0.000
b_1	1615.997	173.555	9.311	0.000
b_2	952.067	469.431	2.028	0.047
b_3	3.273	8.377	0.391	0.697
b_4	55.675	31.015	1.795	0.078
b_5	332.763	62.320	5.340	0.000
b_6	−1082.484	3310.715	0.327	0.745

注：b_0 为常数项；b_1、b_2、b_3、b_4、b_5、b_6 分别为因子 x_1、x_2、x_3、x_4、x_5、x_6 的系数。

由表 4-3 可知，在环境因子与蒸腾速率的多元线性回归分析中，常数项 b_0、环境因子 x_1、x_2、x_5 的系数 b_1、b_2、b_5 通过了 t 检验，达到显著水平，其中 b_0、b_1、b_5 达到了极显著水平。

由表 4-4 可知，在环境因子与蒸腾速率的逐步回归分析中，常数项 c_0、环境因子 x_1、x_2、x_5 的系数 c_1、c_2、c_5 通过了 t 检验，达到显著水平，其中 c_0、c_1、c_5 达到了极显著水平。

表 4-4　环境因子与蒸腾速率逐步回归方程系数及其检验水平

变量	系数	标准误差	t 值	显著水平 p
c_0	−98694.550	20192.186	4.888	0.000
c_1	1616.858	172.280	9.385	0.000
c_2	983.546	456.131	2.156	0.035
c_3	0.537	0.422	1.274	0.207
c_4	56.507	30.687	1.841	0.070
c_5	338.270	59.567	5.679	0.000

注：c_0 为常数项；c_1、c_2、c_3、c_4、c_5 分别为因子 x_1、x_2、x_3、x_4、x_5 的系数。

4.2.2　环境因子与蒸腾速率的逐步回归分析

从多元线性回归分析中可知，如果采用的自变量越多，则回归平方和越大，残差平方和越小。然而，采用较多的变量来拟合回归方程，会使得方程的稳定性差，每个自变量的区间误差积累将影响总体误差，用这样建立起来的回归方程作预测的可靠性差、精度低；另一方面，如果采用了对因变量影响甚小的变量而遗漏了重要变量，可导致估计量产生偏倚和不一致性。鉴于上述原因，我们希望得到"最优"的回归方程，这样的"最优"回归方程就是包含所有对因变量有显著影响的变量而不包含对因变量影响不显著的变量的回归方程。逐步回归分析法在筛选变量方面较为理想，故目前多采用该方法来组建回归模型。该方法是从一个自变量开始，视自变量对因变量作用的显著程度，从大到小地依次逐个引入回归方程。但当引入的自变量由于后面变量的引入而变得不显著时，要将其剔除掉。

　　与多元线性回归相比，逐步回归可以减少自变量的个数，去除对因变量影响不显著的自变量，使因变量的表达更简洁明了。利用环境因子与蒸腾进行多元线性回归和逐步回归，得到各回归方程及回归方程系数如式（4-2）所示。

$$y = -98\,694.550 + 1616.858x_1 + 983.546x_2 + 0.537x_3 + 56.507x_4 + 338.270x_5$$
$$R^2 = 0.897 \tag{4-2}$$

　　两种回归方程得到的液流速率的拟合值与观测值的关系如图 4-1 和图 4-2 所示。

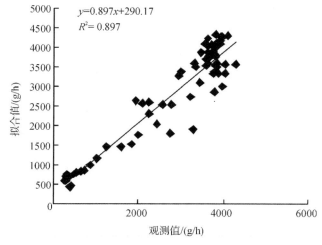

图 4-1　多元线性回归拟合结果

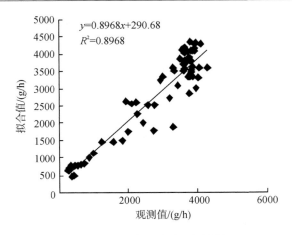

图 4-2　逐步回归拟合结果

由图 4-1 和图 4-2 可知，多元线形回归和逐步回归的拟合效果基本相似，拟合值与观测值的回归方程的决定系数均为 0.897；从拟合值和观测值的相对误差分析（图 4-3）中可知，除了 19：30 的相对误差有区别外，二者的相对误差基本重合，说明在液流速率拟合中，多元线性回归和逐步回归的拟合结果相似且精度相对较高，这是因为逐步回归剔除了对蒸腾影响不显著的因子。但随着时间的推移，该因子在蒸腾影响中的作用增加，从而导致由于忽略主要因子的作用而致使拟合误差增大，表现为 19：30 以后逐步回归的拟合相对误差增大。

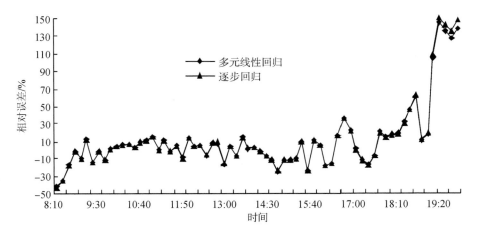

图 4-3　多元回归相对误差比较

4.2.3　蒸腾速率的主成分分析

　　因子分析是指研究从变量群中提取共性因子的统计技术。最早由英国心理学家斯皮尔曼提出。他发现学生的各科成绩之间存在着一定的相关性，一科成绩好的学生，往往其他各科成绩也比较好，从而推想是否存在某些潜在的共性因子，或称某些一般智力条件影响着学生的学习成绩。因子分析可在许多变量中找出隐藏的具有代表性的因子。将相同本质的变量归入一个因子，可减少变量的数目，还可检验变量间关系的假设。因子分析的方法约有 10 多种，例如重心法、影像分析法、最大似然解、最小平方法、阿尔发抽因法、拉奥典型抽因法等。这些方法本质上大都属近似方法，是以相关系数矩阵为基础的，所不同的是相关系数矩阵对角线上的值，采用不同的共同性估值。在社会学研究中，因子分析常采用以主成分分析为基础的反复法。

　　影响植株蒸腾的因素很多（李海涛等，1998；Granier et al.，1994），既有外界环境的因素，又有植株本身的因素，因此，利用少数几个综合指标来反映植株的蒸腾状况在简化蒸腾分析中是很有必要的。主成分分析是把多个指标简化为少数几个综合指标的一种统计分析方法。在多指标（变量）的研究中，往往由于变量个数太多，且彼此之间存在着一定的相关性，使得所观测的数据在一定程度上有信息的重叠。当变量较多时，在高维空间中研究样本的分布规律就更麻烦。主成分分析采取一种降维的方法，找出几个综合因子来代表原来众多的变量，使这些综合因子尽可能地反映原来变量的信息量，而且彼此之间互不相关，从而达到简化的目的（唐启义等，2002）。主成分分析法在经济、卫生、水文以及农业方面已有很多应用，但在植株蒸腾影响因素研究中的应用较少涉及。作者尝试应用主成分分析法将影响植株蒸腾的环境因子综合成少数几个因子（主成分），从而简化蒸腾影响因素的分析过程。

1.　主成分分析法建模步骤

　　主成分分析法的建模步骤如下。

设观测样本原始数据矩阵为

$$X = \begin{bmatrix} x_{11} & x_{12} & \cdots & x_{1p} \\ x_{21} & x_{22} & \cdots & x_{2p} \\ \vdots & \vdots & \vdots & \vdots \\ x_{n1} & x_{n2} & \cdots & x_{np} \end{bmatrix} \tag{4-3}$$

式中，n 为样本数；p 为变量数。

（1）原始数据标准化。由于各变量量纲往往不同，而不同量纲的数据不能放在一起进行比较，因此需要对原始数据进行标准化处理，以消除量纲的影响，使其具有可比性。数据标准化公式为

$$x'_{ik} = \frac{x_{ik} - \overline{x}_k}{S_k}, \quad i = 1, 2, \cdots, n; \quad k = 1, 2, \cdots, p \tag{4-4}$$

式中

$$\overline{x}_k = \frac{1}{n} \sum_{i=1}^{n} x_{ik} \tag{4-5}$$

$$S_k^2 = \frac{1}{n-1} \sum_{i=1}^{n} (x_{ik} - \overline{x}_k)^2 \tag{4-6}$$

（2）计算样本矩阵的相关系数矩阵。计算公式为

$$R = \begin{bmatrix} r_{11} & r_{12} & \cdots & r_{1p} \\ r_{21} & r_{22} & \cdots & r_{2p} \\ \vdots & \vdots & \vdots & \vdots \\ r_{p1} & r_{p2} & \cdots & r_{pp} \end{bmatrix} \tag{4-7}$$

（3）计算特征值和特征向量。对应于相关系数矩阵 R，用雅可比方法求特征方程 $|R - \lambda I| = 0$ 的 p 个非负的特征值，即

$$r_n \lambda^p + r_{n-1} \lambda^{p-1} + \cdots + r_1 \lambda + r_0 = 0 \tag{4-8}$$

的特征多项式，求 λ_1，λ_2，$\cdots$，λ_p，并使 λ_i 按大小排列，即

$$\lambda_1 \geqslant \lambda_2 \geqslant \cdots \geqslant \lambda_p \geqslant 0 \tag{4-9}$$

对应于特征值 λ_i 的相应特征向量为

$$C^{(i)} = (C_1^{(i)}, C_2^{(i)}, \cdots, C_p^{(i)}), \quad i = 1, 2, \cdots, p \tag{4-10}$$

并且满足

$$C^{(i)} C^{(j)} = \sum_{k=1}^{p} C_k^{(i)} C_k^{(j)} = \begin{cases} 1, & i = j \\ 0, & i \neq j \end{cases} \tag{4-11}$$

（4）计算贡献率和累计贡献率。贡献率的计算公式为

$$\lambda_k \Big/ \sum_{i=1}^{p} \lambda_i \qquad (4\text{-}12)$$

累计贡献率的计算公式为

$$\sum_{k=1}^{p} \left(\lambda_k \Big/ \sum_{i=1}^{p} \lambda_i \right) \qquad (4\text{-}13)$$

主成分分析的基本思想就是选取尽量少的 m 个主成分来进行综合评价，同时还要使损失的信息量尽可能少。一般取累计贡献率达 85％的特征值 λ_1，λ_2，$\cdots$，λ_m（$m \leqslant p$）对应的主成分作为主成分分析的个数。

（5）计算主成分载荷。主成分载荷为主成分 z_k 和变量 x_i 之间的相关系数，计算公式为

$$p(z_k \cdot x_i) = \sqrt{\lambda_k} c^{(i)}, \quad i = 1,2,\cdots,p; \quad k = 1,2,\cdots,m$$

$$(4\text{-}14)$$

（6）计算主成分得分，构造各主成分表达式。

2. 植株蒸腾速率的主成分分析

在数据分析之前，我们通常需要先将数据标准化（normalization），利用标准化后的数据进行数据分析。数据标准化也就是统计数据的指数化。数据标准化处理主要包括数据同趋化处理和无量纲化处理两个方面。数据同趋化处理主要解决不同性质数据问题，对不同性质指标直接相加不能正确反映不同作用力的综合结果，须先考虑改变逆指标数据性质，使所有指标对测评方案的作用力同趋化，再相加才能得出正确结果。数据无量纲化处理主要解决数据的可比性。数据标准化的方法有很多种，常用的有"最小-最大标准化"、"Z-score 标准化"和"按小数定标标准化"等。经过上述标准化处理，原始数据均转换为无量纲化指标测评值，即各指标值都处于同一个数量级别上，可以进行综合测评分析。

按照主成分分析法的建模步骤，首先将各环境因子原始数据进行标准化处理，得到新的变量 X_1，X_2，$\cdots$，X_6，新变量之间

的相关系数矩阵如表 4-5 所示。

表 4-5　环境因子间的相关系数矩阵

	X_1	X_2	X_3	X_4	X_5	X_6
X_1	1.000					
X_2	0.564	1.000				
X_3	0.703	-0.032	1.000			
X_4	0.001	0.046	-0.063	1.000		
X_5	-0.901	-0.840	-0.411	-0.030	1.000	
X_6	0.717	-0.015	0.999	-0.063	-0.430	1.000

由表 4-5 可知，X_1 和 X_5、X_2 和 X_5、X_3 和 X_6 之间存在高度的相关性，X_1 和 X_2、X_3 和 X_4 之间存在中等水平的相关性，影响植株蒸腾的各环境因子之间都存在着一定的相关关系，从而较难对植株蒸腾的影响因素做出简单明确地概括，故需要进行主成分分析，运用因子得分法综合评价环境因子对植株蒸腾的影响状况。

利用 DPS 软件中的主成分分析功能，得到特征值、特征向量、贡献率和累计贡献率如表 4-6 和表 4-7 所示。

表 4-6　特征值和累计贡献率

	特征值 λ_i	贡献率/%	累计贡献率/%
主成分 1	3.299	54.975	54.975
主成分 2	1.599	26.657	81.632
主成分 3	0.983	16.390	98.022
主成分 4	0.103	1.715	99.737
主成分 5	0.016	0.258	99.995
主成分 6	0.000	0.005	100.000

表 4-7　特征向量

	主成分 1	主成分 2	主成分 3	主成分 4	主成分 5	主成分 6
X_1	0.535	-0.074	0.004	-0.631	0.556	0.003
X_2	0.298	-0.639	-0.115	0.617	0.330	0.012
X_3	0.440	0.465	0.078	0.304	-0.014	-0.701
X_4	-0.012	-0.164	0.986	0.018	0.003	0.001
X_5	-0.481	0.372	0.050	0.219	0.761	0.030
X_6	0.447	0.453	0.075	0.282	-0.054	0.712

　　由表 4-6 可知，前 3 个主成分的累计贡献率已超过 85%，基本上保留了原来 6 个因子的全部信息，因此，选取前 3 个主成分作为主成分分析的依据。

　　根据特征值和特征向量计算前 3 个主成分的主成分载荷，结果如表 4-8 所示。

表 4-8　主成分载荷

	X_1	X_2	X_3	X_4	X_5	X_6
主成分 1	0.972	0.541	0.799	-0.022	-0.874	0.812
主成分 2	-0.094	-0.808	0.588	-0.207	0.470	0.573
主成分 3	0.004	-0.114	0.077	0.978	0.050	0.074

　　根据表 4-8 可得到第一主成分和第二主成分的表达式：

$$Z_1 = 0.972X_1 + 0.541X_2 + 0.799X_3 - 0.022X_4 - 0.874X_5 + 0.812X_6 \tag{4-15}$$

$$Z_2 = -0.094X_1 - 0.808X_2 + 0.588X_3 - 0.207X_4 + 0.470X_5 + 0.573X_6 \tag{4-16}$$

$$Z_3 = 0.004X_1 - 0.114X_2 + 0.077X_3 + 0.978X_4 + 0.050X_5 + 0.074X_6 \tag{4-17}$$

　　从式（4-15）～式（4-17）可以看出，X_1、X_3、X_5 和 X_6 对主成分 Z_1 有较大的权重贡献，由于 X_1、X_3、X_5 和 X_6 均受太阳辐射的影响，因此第一主成分 Z_1 表示太阳辐射因素；X_2 对主成分 Z_2 有较大的权重贡献，由于 X_2 代表着土壤状况，因此第二主成分 Z_2 代表土壤因素；X_3 对主成分 Z_3 有较大的权重贡献，由于 X_3 受空气动力因素的影响，因此第三主成分 Z_3 代表空气动力因素。

　　由上述统计分析所产生的新变量 Z_1、Z_2 和 Z_3，得到影响植株蒸腾量的综合环境影响因子 Z。综合环境影响因子为原来 3 个主成分的加权组合，目的是根据原环境因子对液流影响程度的大小赋予不同的权重系数，同时也进一步减少了蒸腾数值模拟的变量。综合环境影响因子的表达式为

$$Z = (54.975Z_1 + 26.657Z_2 + 16.390Z_3)/98.022 \tag{4-18}$$

· 58 ·

对综合环境影响因子 Z 和植株蒸腾速率 Q 进行相关分析，经分析可知，在 0.01 的显著水平下，Z 和 Q 的相关系数为 0.872，说明二者之间相关性很好。回归分析从数量上考察综合环境影响因子对植株蒸腾的影响程度，以综合环境影响因子为自变量，植株蒸腾量为因变量进行回归分析，结果如图 4-4 所示。

由图 4-4 可知，一元线性回归的决定系数为 0.760，模型的回归效果较好，且在蒸腾速率较高时模型拟合精度较高，而当蒸腾速率较低时，模型的拟合精度相对较低。与多元线性回归和逐步回归模型相比，主成分分析效果相对较差，但由于主成分分析可以减少变量个数，在综合考虑蒸腾影响因素（土壤水肥状况、植物长势等）使得蒸腾的解释变得复杂的条件下，主成分分析在一定的误差允许范围内可以表现出一定的优越性，因此该模型在蒸腾模拟中具有一定的适用性。

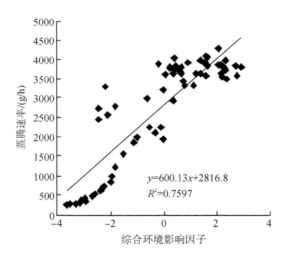

图 4-4　综合环境影响因子与蒸腾速率

4.2.4　蒸腾速率的 ARIMA 模型分析

差分自回归移动平均模型 ARIMA（autoregressive integrated moving average model）是 Box 和 Jenkins 于 20 世纪 70 年代提出的一种基于随机变量理论的时间序列分析模型（刘艳等，2006），所以又称 box-jenkins 模型、博克思-詹金斯法。其中 ARIMA（p，d，q）称为差分自回归移动平均模型；AR 是自回归；p 为自回归项；MA 为移动平均；q 为移动平均项数；d 为时间序列成为平稳时所做的差分次数。ARIMA 模型是将非平稳时间序列转化为平稳时间序列，然后将因变量仅对它的滞后值以及随机误差项的现值和滞后值进行回归所建立的模型。ARIMA 模型根据原序列是否平稳以及回归中所含部分的不同，包括移动平均过程（MA）、自回归过程（AR）、自回归移动平均过程（ARMA）以及 ARIMA 过程。与传统的时间序列分析（指数平滑法、滑动平均法、趋势预测法、趋势季节模型预测法、时间序列的分解等）相比，ARIMA 法不需要对时间序列的发展模式作先验的假设，同时方法的本身保证了可通过反复识别修改，直到获得满意的模型，因此适用范围更为广泛（石美娟，2005）。

1. ARIMA 模型建模思想及步骤

ARIMA 模型要求原始时间序列数据满足平稳性、正态性和零均值性的性质，其建模思想如下。

（1）根据时间序列的散点图、自相关图和偏相关图，以及 ADF 单位根检验观察其方差、趋势及其季节性变化规律，识别该序列的平稳性。

（2）数据进行平稳化处理。如果数据序列是非平稳的，则需对数据进行差分处理，对于那些依时间而呈周期性变化的数据序列，除可以用季节差分消除周期性的变化外，还可以用组合模型方式即先提取数据序列的线性（或指数）趋势，再提取数据序列的周期趋势来消除周期性变化。差分处理也可起到零均值化的作用。

（3）根据时间序列模型的识别规律，建立相应的模型：①若平稳时间序列的偏相关函数是截尾的，而自相关函数是拖尾的，则可断定此序列适合 AR（自回归）模型；②若平稳时间序列的偏相关函数是拖尾的，而自相关函数是截尾的，则可断定此序列适合 MA（移动平均）模型；③若平稳时间序列的偏相关函数和自相关函数均是拖尾的，则此序列适合 ARMA 模型。

（4）进行参数估计。由于模型的结构不同，统计特性不同，估计的方法也不同。一般分为初估计和精估计，前者为精估计准备参数（例如矩估计法、逆函数法），后者在前者的基础之上通过某种方法（例如最小二乘估计、最小平方和估计、极大似然估计）迭代求出参数的精估计值。

（5）进行假设检验，诊断模型的残差是否为白噪声，并检验模型的估计效果。

（6）进行预测。ARIMA 模型的预测方程为

$$\Phi_p(B)(1-B)^d Z_t = \theta_0 + \theta_q(B)a_t \qquad (4\text{-}19)$$

式中，a_t 是白噪声序列；B 为后移算子，即 $BZ_t = Z_{t-1}$；Φ_p 为自回归算子，$\Phi_p(B) = (1 - \Phi_1 B - \cdots - \Phi_p B^p)$；$p$ 为模型的自回归阶数；θ_q 为移动平均算子，$\Phi_q(B) = (1 - \theta_1 B - \cdots - \theta_q B^q)$；$q$ 为模型的移动平均阶数；θ 为参数，$\theta_0 = \mu(1 - \Phi_1 - \Phi_2 - \cdots - \Phi_p)$；$\mu$ 为平均值。

2. 植株蒸腾速率的 ARIMA 模型

龙爪槐植株蒸腾速率的平均日进程如图 4-5 所示。由图 4-5 可知，蒸腾速率从 8：30 开始迅速上升，9：20 达到一个最高值 3881g/h，之后蒸腾速率在 3800g/h 左右波动；在 16：20 时达到另一个峰值 4045g/h，然后蒸腾速率值迅速下降，在 17：00 稍有回升，在 20：00 降到一个最低值 252.5g/h。由龙爪槐植株蒸腾速率的日进程可以看出，蒸腾速率时间序列不符合平稳性的建模要求，需要对原始时间序列数据进行转换。在 DPS 5.02 数据处理系统软件的"时间序列"、"数据序列检验"菜单中，对原始时间序列数据进行一阶差分和平方根转换后，时间序列符合平稳性和正态性的要求，可以进行 ARIMA 建模。之后在"ARIMA 模型"菜单中经过反复调试，最终确定该模型为 ARIMA（1，1，3）。模型的检验指标如表 4-9 所示。

表 4-9　ARIMA（1，1，3）模型检验标准

	AIC（最小信息量）	VAR（剩余方差）	R（相关系数）	C（拟合度）
数值	−333.610	0.775	0.682	46.468%

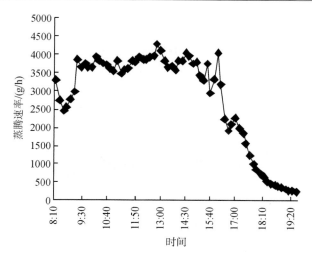

图 4-5　树木蒸腾速率平均日进程

利用所建立的 ARIMA（1，1，3）模型拟合蒸腾速率，蒸腾速率观测值与拟合值的关系如图 4-6 所示。由图可知，蒸腾速率观测值与拟合值的回归方程的决定系数达到 0.990，二者相关性极显著；回归图像中数据点均靠近回归直线，说明模型的拟合效果极好。

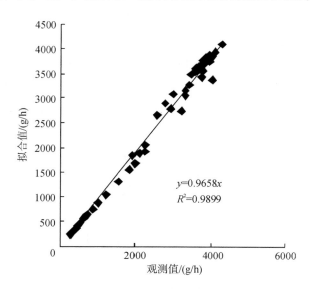

$$y=0.9658x$$
$$R^2=0.9899$$

图 4-6　蒸腾速率拟合值与观测值

分别利用传统的二次滑动平均和二次指数平滑模型拟合蒸腾速率，

得到蒸腾速率的拟合值，拟合值与观测值的相对误差与 ARIMA（1，1，3）模型的相对误差的比较如图 4-7 所示。

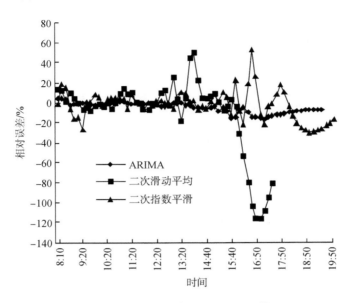

图 4-7　蒸腾速率相对误差比较

由图 4-7 可知，二次滑动平均和二次指数平滑模型的蒸腾速率拟合值与观测值的相对误差波动范围分别为 −116.298％～49.382％ 和 −30.271％～51.818％，而 ARIMA（1，1，3）模型的液流速率相对误差波动范围为 −12.207％～9.223％；二次滑动平均、二次指数平滑和 ARIMA（1，1，3）模型的液流速率相对误差中，处于 ±10％ 范围内的分别为 64.151％、58.824％ 和 81.538％；处于 ±5％ 范围内的分别为 39.623％、38.235％ 和 58.462％。从蒸腾速率相对误差的对比中可以看出，ARIMA（1，1，3）模型的拟合精度最高，优于传统的时间序列分析模型。

为了验证 ARIMA 模型在植株蒸腾速率拟合上的普遍适用性，随机选取 2006 年 9 月 23 日和 10 月 11 日（均为晴天）的蒸腾数据建立 ARIMA 模型，经过数据处理和自回归、滑动平均阶次调整，确定二者的模型类型分别为 ARIMA（1，2，2）和 ARIMA（1，1，2）模型。利用以上模型拟合蒸腾速率，预测值 y 与观测值 x 建立回归方程，结果如表 4-10 所示。

表 4-10　两个时期蒸腾速率拟合值与观测值关系

日期	模型类型	回归方程	决定系数
2006-9-23	ARIMA (1, 2, 2)	$y = 1.0076x$	0.977
2006-10-11	ARIMA (1, 1, 2)	$y = 1.002x$	0.633

由表 4-10 可知，两个时期蒸腾速率的回归方程的决定系数分别为 0.977 和 0.633，相关性均达到极显著水平，说明 ARIMA 模型在蒸腾速率拟合中精度是很高的。在 ARIMA 模型拟合蒸腾的动态变化过程中，9 月份的拟合精度相对于 8 月份稍微降低，10 月份的拟合精度相对最低。可以看出，随着时间的推移，该模型的适用性逐渐降低，这可能是因为随着时间的变化，温度和太阳辐射均降低且变化幅度下降，龙爪槐叶片气孔开度减小导致蒸腾量减小，环境因子与蒸腾的变化出现不一致，从而降低模型的拟合精度。

4.2.5　植株蒸腾速率的人工神经网络模型分析

近年来全球性的神经网络研究热潮的再度兴起，不仅仅是因为神经科学本身取得了巨大的进展，更主要的原因在于发展新型计算机和人工智能新途径的迫切需要。迄今为止在需要人工智能解决的许多问题中，人脑远比计算机聪明的多，要开创智能的新一代计算机，就必须了解人脑，研究人脑神经网络系统信息处理的机制；另一方面，基于神经科学研究成果基础上发展出来的人工神经网络模型，反映了人脑功能的若干基本特性，开拓了神经网络用于计算机的新途径。它对传统计算机结构和人工智能是一个有力的挑战，引起了各方面专家的极大关注。

人工神经网络是一种应用类似于大脑神经突触连接的结构进行信息处理的数学模型，在工程与学术界也常直接简称为神经网络或类神经网络。神经网络是一种运算模型，由大量的节点（或称神经元）相互连接构成。每个节点代表一种特定的输出函数，称为激励函数（activation function）。每两个节点间的连接都代表一个对于通过该连接信号的加权值，称之为权重，这相当于人工神经网络的记忆。网络的输出则依网络的连接方式、权重值和激励函数的不同而不同。而网络自身通常都是对自然界某种算法或者函数的逼近，也可能是对一种逻辑策略的表达。它的构筑理念是受到生物（人或其他动物）神经网络功能的运作启发而产生的。人工神经网络通常是通过一个基于数学统计学类型的学习方法（learning method）得以优化，所以人工神经网络也是数学统计学方法的一种实际应用，通过统计学的标准数学方法我们能够得到大量的可以用函数来表达的局部结构空间，另一方面在人工智能学的人工感知领域，我们通过数学统计学的应用可以来做人工感知方面的决定问题（也就是说通过统计学的方法，人工神经网络能够类似人一样具有简单的决定能力和简单的判断能力），这种方法比起正式的逻辑学推理演算更具有优势。人工神经网络是一个具有高度非线性的超大规模连续时间动力系统，因其具有自学习功能、联想存储功能、高速寻找优化解功能等优点而在经济、化工、水文、农业等领域得到了广泛应用（刘艳等，2006；胡燕瑜等，2003；过仲阳等，2001）。人工神经网络模型的形式有近 60 种，其中 BP（back propagation）人工神经网络是目前发展最成熟、应用范围最广泛的一种神经网络模型（蒋任飞等，2005）。BP 神经网络，即误差反传、误差反向传播算法的学习过程，由信息的正向传播和误差的反向传播两个过程组成。输入层各神经元负责接收来自外界的输入信息，并传递给中间层各神经元；中间层是内部信息处理层，负责信息变换，根据信息变化能力的需求，中间层可以设计为单隐层或者多隐层结构；最后一个隐层传递到输出层各神经元的信息，经进一步处理，完成一次学习的正向传播处理过程，由输出层向外界输出信息处理结果。当实际输出与期望输出不符时，进入误差的反向传播阶段。误差通过输出层，按误差梯度下降的方式修正各层权值，向隐层、输入层逐层反传。周而复始的信息正向传播和误差反向传播过程，是各层权值不断调整的过程，也是神经网络学习训练的过程，此过程一直进行到网络输出的误差减少到可以接受的程度，或者预先设定的学习次数为止。本书尝试利用 BP 人工神经网络模型来拟合蒸腾速率，以求为蒸腾速率和环境因子之间建立较为准确的定量关系。

1. BP 人工神经网络模型构建

一个三层的 BP 人工神经网络模型能够实现任意的连续映射，三层 BP 网络模型如图 4-8 所示。

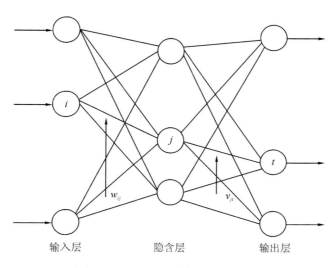

图 4-8　三层 BP 神经网络模型

图 4-8 中 w_{ij} 表示输入层第 i 个神经元与隐含层第 j 个神经元之间的连接权值；v_{jt} 表示隐含层第 j 个神经元与输出层第 t 个神经元之间的连接权值。设隐含层第 j 个神经元的阈值为 θ_j，输出层第 t 个神经元的阈值为 γ_t，则隐含层第 j 个神经元的输入为

$$s_j = \sum_{i=1}^{n} w_{ij} x_i - \theta_j \qquad (4\text{-}20)$$

式中，x_j 为输入层第 i 个神经元的输入值；n 为输入层的神经元个数。

输出为

$$b_j = f(s_j), \quad j = 1, 2, \cdots, p \qquad (4\text{-}21)$$

式中，p 为隐含层神经元个数；f 为激励函数，其形式为

$$f(x) = \frac{1}{1 + \mathrm{e}^{-x}} \qquad (4\text{-}22)$$

其作用是模拟生物神经元的非线性特性。

输出层第 t 个神经元的输入为

$$L_t = \sum_{j=1}^{p} v_{jt}b_j - \gamma_t \tag{4-23}$$

输出为

$$C_t = f(L_t) \tag{4-24}$$

计算过程中，隐含层神经元的激励函数取为 S 型，而输出层神经元的激励函数取为线性型。为了提高网络的性能，减小其陷入局部极小值的可能性，提高收敛速度，通常采用改进的 BP 算法-动量法来实现，即

$$w_{ij}(t+1) = w_{ij}(t) + \Delta w_{ij}(t+1) + \mu \Delta w_{ij}(t) \tag{4-25}$$

$$\Delta w_{ij} = \eta \frac{\partial E}{\partial w} \tag{4-26}$$

式中，μ 为动量因子；E 为误差函数。

时刻 t 网络的误差函数定义为

$$E(t) = \frac{1}{2}\sum_{j=1}^{q}\left[y_j(t) - d_j(t)\right]^2 \tag{4-27}$$

式中，$y_j(t)$ 为输出层第 j 个神经元在时刻 t 的实际输出；$d_j(t)$ 为该时刻的希望输出；q 为输出层的神经元数。

当 $E(t) \leqslant \varepsilon$（$\varepsilon$ 为预先给定的误差）时，网络停止训练，此时的网络模型就是所需要的。

2. 应用实例

蒋任飞等在分析影响作物蒸发蒸腾量的气象因子的基础上，以不同的气象因子组合为输入向量，以参照腾发量为输出向量，构建了气象资料不足的情况下（只有平均气温、相对湿度、风速和日照时数 4 个气象要素时；只有平均气温、相对湿度和风速 3 个气象要素时；只有平均气温时）三种计算参数腾发量的 BP 神经网络模型。把这 3 种气象组合要素作为网络模型的输入向量，分别为 4 个、3 个和 1 个，而网络输出变量则只有 1 个，是由 FAO-56 推荐的 Penman-Monteith 公式计算而得的同期作物 ET_0 值。根据 3 种情况，通过多次训练比较后确定隐含层节点分别为 7 个、10 个和 15 个。即网络模型的拓扑结构为 4-7-1、3-10-1 和 1-15-1（蒋任飞等，2005）。

对于本实验，植株蒸腾速率 BP 人工神经网络模型的输入神经元为环境因子，输出神经元为蒸腾速率，由于原始数据量纲不同和数值存在数量级的明显差异，首先要对原始数据进行标准化处理。在 DPS 5.02 数据处理软件中，经过 993 次迭代，模型确定隐含层神经元为 6 个，模型的拟合残差达到 0.005，拟合精度较高。表 4-11、表 4-12 分别为所建模型输入层各神经元与隐含层各神经元的连接权值，隐含层各神经元与输出层各神经元的连接权值。

表 4-11　输入层各神经元与隐含层各神经元之间的连接权值 w_{ij}

j	i					
	1	2	3	4	5	6
1	−3.420	−0.727	−0.118	1.194	−4.291	0.070
2	5.547	−1.174	−0.772	0.597	0.182	−1.708
3	−3.443	0.142	1.182	−1.465	−3.178	−0.552
4	−0.369	−0.116	0.027	−0.161	−0.039	1.328
5	1.157	−0.470	−1.041	−5.055	−0.002	−1.394
6	−4.389	−0.284	1.458	−1.362	−2.898	0.439

表 4-12　隐含层各神经元与输出层各神经元之间的连接权值 v_{jt}

j	1	2	3	4	5	6
v_{jt}	−2.328	0.346	1.344	2.092	−3.335	1.099

利用 BP 人工神经网络模型，建立蒸腾速率与环境因子的定量关系，得到蒸腾速率拟合值与观测值的关系如图 4-9 所示。

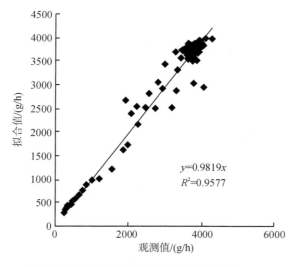

图 4-9　蒸腾速率观测值与拟合值

　　由图 4-10 可知，蒸腾速率观测值与拟合值的回归方程决定系数为 0.958，相对误差在 ±5％ 和 ±10％ 范围内的分别为 48.529％ 和 70.588％，模型的拟合精度较高。

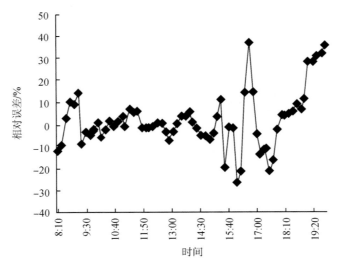

图 4-10　蒸腾速率相对误差

4.3　小　　结

　　本章分别用单因子分析和多因子分析建了植株蒸腾和环境因子的预测模型，探讨了新模型与传统模型在植株蒸腾预测中的适用性。

　　环境因子与蒸腾速率的相关分析表明，气温、太阳总辐射、相对湿度和光合有效辐射与蒸腾速率的相关程度达到 0.01 极显著水平，相对湿度与蒸腾速率呈显著负相关，土壤温度和风速与蒸腾速率的相关性相对较弱，其中风速的相关程度最弱，相关系数仅为 0.041。分别利用 6 个环境因子与蒸腾速率建立回归方程，回归结果表明，空气温度、太阳总辐射和光合有效辐射量与蒸腾回归模型的拟合精度较高，相对湿度、土壤温度和风速与液流速率回归模型的拟合效果相对较差。

　　单因子分析只是考察单个因子与植株蒸腾的数量关系，由于植株蒸腾的影响因素较多，蒸腾变化的解释相应较为复杂，因此利用单因子解释蒸腾具有一定的片面性。作者利用多因素分析中的多元线性回归、逐步回归、主成分分析、ARIMA 模型和 BP 人工神经网络模型建立了多个环境因子与蒸腾速率的数量关系，以寻求最适预测模型。

多元线性回归和逐步回归在蒸腾预测中效果基本相似，且两种模型的拟合效果均较好，但随着时间的推移，逐步回归模型的相对误差逐渐增加，这可能是因为逐步回归剔除了对蒸腾影响不显著的因子，但随着时间的推移，该因子在蒸腾影响中的作用增加，从而导致由于忽略主要因子的作用而致使拟合误差增大。

主成分分析采用降维处理技术，减少变量之间信息的重叠，同时可以减少变量的个数，从而使蒸腾的解释变得简单明了。利用由主成分表达式构建的综合环境影响因子与蒸腾速率进行一元回归，模型的决定系数为 0.760，拟合效果较好，但相对于多元线性回归和逐步回归拟合精度有所下降。由于主成分分析的自身优势，在综合考虑蒸腾影响因素（土壤水肥状况、植物长势等）从而解释蒸腾变化时，主成分分析可以使问题简化，因此在一定的误差允许范围内，主成分分析仍是一种较为理想的分析方法。

ARIMA 模型和 BP 人工神经网络模型在蒸腾预测中精度最高，预测模型的决定系数分别达到 0.990 和 0.958，与传统的多元线性回归和逐步回归相比，模型的拟合精度显著提高。对于 ARIMA 模型来说，随着时间的推移，模型的适用性逐渐降低，这可能是因为随着时间的变化，温度和太阳辐射均降低且变化幅度下降，龙爪槐叶片气孔开度减小导致蒸腾量减小，环境因子与蒸腾的变化出现不一致，从而降低模型的拟合精度。

第5章 龙爪槐植株树干蒸腾、树枝液流
与叶片蒸腾之间的关系

在本试验中，树干液流是植株蒸腾的反映，叶片蒸腾则是水分传输的驱动力，树枝液流是水分由树干传输到叶片的必经之路，探讨水分在三者之间的分布格局对于了解植株各部位水分利用状况有重要意义。

水分在茎内运输的两种动力同样是下部的根压和上部的蒸腾拉力。蒸腾拉力使水分沿树干上升，而内聚力解决了这一问题。内聚力是指相同分子之间相互吸引的力量，树液上升的内聚力学说（又称为蒸腾-内聚力-张力学说）是在19世纪由Dixo和Joly等首先提出的（Smith，1994），它一直被用于解释植物的水分传输现象。该学说的主要论点是：①水分子之间具有很强的内聚力，木质部内的水分靠内聚力的作用可以形成连续不断的水线，通过这种连续不断的水线将叶片蒸腾产生的拉力传递到根部使根系从土壤中吸水；②木质部内必须具有很大的负压；③沿树高有一个张力梯度。根据这一学说，由于叶细胞壁的水蒸发产生张力，使得导管内的水分被向上拉动。土壤与叶之间存在着一个连续的水柱，而处于张力之下的这个水柱的连续性是靠水分子之间的强大引力（内聚力）来保持的。对这个学说的争议较多，Holbrook等和Pockmann等两个独立研究小组应用相似的Z-管技术测定了木质部的负压，获得了支持内聚力学说的实验证据（Holbrook et al.，1995；Pockman et al.，1995）。李吉跃等认为虽然Holbrook等和Pockmann等的测定结果提供的仍然只是对内聚力-张力学说的间接证明，但也充分表明这一学说已经有了一种可靠的物理学基础（李吉跃等，1994）。高震还认为水分沿树干向上运输还有能量的参加。能量是第一位的，机械力是第二位的，机械力能促进能量的产生，两者关系密切。生物体的能量95%来源于细胞线粒体，其他来源于细胞的酶

解作用。植物体内除了维管系统、呼吸系统外，尚有能量系统，这是一个新的系统（高震，1998）。但这一说法有待于考证。

　　树木蒸腾耗水研究根据其测定和计算方法在空间尺度上可以从 4 个尺度进行，即枝叶尺度、单木尺度、林分尺度和区域尺度，不同的尺度分别对应不同的研究方法（孙鹏森等，2002）。随着测算技术的不断发展，树木蒸腾耗水研究在尺度转化上不断扩大。

5.1　龙爪槐植株蒸腾与树枝液流之间的关系

　　由探针获得的液流密度所反映的是树木某一个方位和边材某一深度的液流特征，如何通过有效和严谨的方法将液流密度整合到整树，最终计算整树蒸腾，并能避免或者减少树木液流的差异在计算过程中产生的误差，是非常关键的。树木液流密度的可能性差异主要有两类，一是不同方位的差异；另一类是径向差异。这是由探针至整树整合过程需要克服的两个容易引起计算误差的重要因素。不少学者认为，由于树木不同方位液流密度的差异较大，为准确测定树木的蒸腾，树木周围应该尽可能多地重复安装探针，然而这样需要耗费大量探针，对于胸径较小的树木，安装探针过多，相邻的加热探针会产生相互影响而导致测定结果异常。

　　枝叶尺度是较早的尺度研究，主要是利用植物生理学的方法来测定树木的小枝或叶片的蒸腾参数，包括蒸腾速率、气孔阻力、水分利用率等因子。在早期的研究中，由于受到测定方法的限制，被测定的对象需要与原来的个体分离，因此对测定结果会有影响，例如快速称重法。后来采用盆栽法和气孔计法可以保证苗木的枝叶没有和整株脱离，使得枝叶尺度研究的精确度进一步提高，但由于所研究的对象仍然是整株的一部分，仍然属于枝叶尺度这个水平。目前发展最为成熟、技术手段最多的研究尺度是单木尺度。单木耗水是研究林分耗水和区域耗水的基础，根据单木耗水研究结果，可以通过一定的理论方法在时间上和空间上进行放大来研究林分水平和区域水平的蒸腾耗水。

　　分别利用 SGB50 和 SGA5 茎流传感器于 2006 年 8 月 9 日、12 日和 23 日测量树干、树枝液流、植株蒸腾与树枝液流的日进程及二者之间的关系如图 5-1、图 5-2 所示。

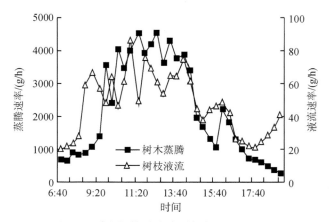

图 5-1　树木蒸腾与树枝液流的日进程

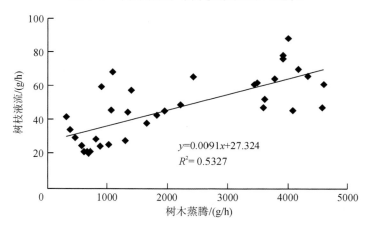

图 5-2　树木蒸腾与树枝液流关系

　　由图 5-1 可知，植株蒸腾从 8：00 左右开始启动，9：40 达到一个高峰值 3588g/h，之后蒸腾值在这一高峰值附近波动，14：00 液流速率开始下降，在15：40环境条件的影响液流速率又有所回升，16：00达到一个较高值 2209g/h，之后蒸腾迅速下降；相对于植株蒸腾，树枝液流启动较早，这可能是由于叶片蒸腾失水，树枝最先为树叶补充水分的缘故。树枝液流速率在 8：20 达到一个高峰值 67.6g/h，之后液流速率在这一高峰值附近波动，14：00 液流速率开始下降，15：00

又有小的回升，16∶00 液流速率迅速下降。总体来说，树枝液流启动时间要早于植株蒸腾，而树枝液流与植株蒸腾的日变化格局基本相似，因此，植株蒸腾与树枝液流速率之间存在很好的一致性。

由植株蒸腾与树枝液流的相关分析（图 5-2）可知，二者的相关系数为 0.730（相关系数临界值，$a=0.01$ 时，$r=0.430$），相关程度达到极显著，树枝液流可用植株蒸腾表示，转换关系为

$$y=0.0091x+27.324 \tag{5-1}$$

式中，y 表示树枝液流，单位为 g/h；x 表示植株蒸腾，单位为 g/h。

5.2　龙爪槐植株蒸腾与叶片蒸腾之间的关系

植物气孔蒸腾分为两步：首先是在气孔腔内的细胞间隙，水分在叶肉细胞湿润的细胞壁表面进行蒸发并使细胞间隙内的水蒸气达到饱和；然后水蒸气从气孔下腔经气孔扩散到大气中，这是气孔蒸腾的关键，其扩散过程的快慢取决于通过气孔的阻力以及叶表面层的阻力。

利用 CIRAS-1 型光合测量系统测量 3 个形状和大小相似的叶片，以 3 片树叶的平均蒸腾速率作为 1 棵植株叶片的蒸腾速率，3 棵植株的叶片蒸腾速率的平均值作为叶片蒸腾速率，叶片蒸腾与植株蒸腾的日进程及二者的关系如图 5-3、图 5-4（为了消除量纲的影响，对数据进行了标准化处理）。

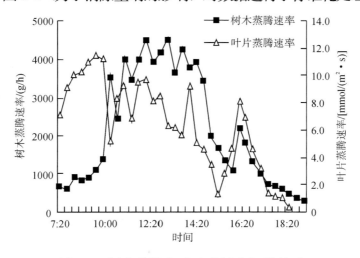

图 5-3　树木蒸腾与叶片蒸腾之间的关系

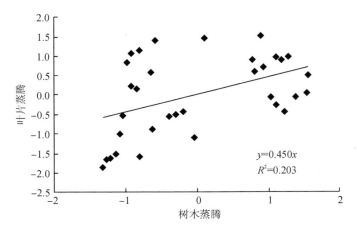

图 5-4　树木蒸腾与叶片蒸腾关系

由图 5-3 可知，叶片蒸腾速率从 7∶20 开始启动后迅速上升，在 9∶40 达到最大值 11.5mmol/(m²·s)，之后由于叶片光合午休，叶片气孔开度减小，气孔阻力增大，蒸腾速率维持在相对较高但平稳的阶段。14∶40 以后蒸腾速率迅速下降，15∶40 下降到一个较低值 1.2mmol/(m²·s)，随后由于气象条件的改变，蒸腾速率又迅速上升，16∶40 上升到一个较高值 8.3mmol/(m²·s)，之后又迅速下降。总体来说，叶片蒸腾速率的变化规律和树干液流速率的变化规律基本同步。

由植株蒸腾与叶片蒸腾的相关分析（图 5-2）可知，二者的相关系数为 0.450（相关系数临界值，$a＝0.01$ 时，$r＝0.442$）相关程度达到极显著。但与树枝液流和植株蒸腾的回归分析相比，叶片蒸腾与植株蒸腾回归方程的决定系数只有 0.203，显著降低。这可能是因为树枝存在水容调节作用，叶片蒸腾发生变化时首先影响到与之相邻的树枝液流，进而对树干产生影响，从而表现为叶片蒸腾与植株蒸腾相关程度相对降低。叶片蒸腾与植株蒸腾的关系为

$$y = 0.450x \qquad (5\text{-}2)$$

式中，y 表示叶片蒸腾；x 表示植株蒸腾。

5.3　小　　结

林分蒸散是指植物蒸腾、林地土壤蒸发、林冠截留降水的蒸发、

植物表面凝结水的蒸发以及森林植物同化过程需水量的总和。它反映了森林在生长发育过程中对水分的总消耗量；其中既包括森林植物生理过程中的需水，也包括土壤植物大气系统所消耗的水分。一般情况下，同化过程需水和凝结水的蒸发都很小，可以忽略不计。所以林分蒸散可以认为是植物蒸腾、林冠截留降水的蒸发和林地土壤蒸发之和（孙立达等，1995）。在没有降水的时间里，森林蒸散只是森林植物蒸腾和林地蒸发之和。森林植物蒸腾和林地土壤蒸发是森林需水的主要表现形式。对于林分水平的耗水测定，一种方法就是直接测定，即利用微气象法，但微气象法在使用上受地形和下垫面均一性的限制。另一种方法就是根据单木耗水量进行推导。

区域蒸发散测定计算是一个复杂的问题，由于存在点向面转换的问题，因而在求取区域蒸发散时存在许多困难。近 20 年来，国内外相继利用卫星遥感技术估算区域蒸发散量。利用遥感技术可获取能量界面中的净辐射量和表面温度等物理信息，从而为利用能量平衡方程来推算蒸发散量奠定了基础。1983 年，Sequin 和 Itier 利用卫星热红外资料建立了冠层与空气的温度差与日蒸发量的统计模型（Granger，2000；Kite et al.，2000）。谢贤群等在上述模型的基础上，对不同气象和空气层结条件下，空气动力阻抗的计算公式进行了修正（谢贤群，1991）。陈镜明根据植被小气候原理，提出"剩余阻抗"概念对空气动力阻抗进行补充，提高了植被覆盖条件下的计算精度（陈镜明，1988）。另外，Caselles 等、Carlson 等根据各自研究区的特点，对蒸发散的计算方法中参数的计算进行了改进（Caselles et al.，1998；Carlson et al.，1995）。陈云浩等按不同地表覆盖性质分别建立裸土蒸发模型和植被全覆盖蒸散模型，确定各自参数的选取。通过植被覆盖度来建立区域的线性蒸发散模型，计算我国西北 5 省区的区域蒸发散量，并对其特点进行了简要分析（陈云浩等，2001）。

研究树木蒸腾耗水的最终目的就是要估测出林分或区域内总的耗水量，包括林木、林下植被和地面蒸发量，根据水分收支状况对林分结构、密度进行优化配置和调控。由于技术、时间、精力以及经费等多方面的因素，不可能长时间地测定大面积的林分或区域蒸腾耗水量。

以上对树木蒸腾耗水测定研究都是在有限的时间、小尺度下进行的，例如枝叶或单木尺度，测定结果只能反映某一时段或特定空间植物蒸腾耗水量，如何根据小尺度下测定结果来推算出林分或乃至区域的蒸腾耗水量，这就涉及尺度转化问题。

关于树木蒸腾耗水尺度转化研究，在国外随着单木耗水研究进一步深入以及数据采集的自动化早已开始。目前，由单木到林分耗水量推导的理论与方法研究已经成为树木耗水研究领域中的热点之一。从20世纪70年代开始，国外有许多学者都在林分耗水方面作了尝试性的研究，其理论方法都是选择林分中一个容易调查测定的纯量，例如林木胸径、边材、叶面积、单木占地面积等，然后找出林木蒸腾耗水与这些纯量之间的相关关系或建立一个模型，来估算林分的蒸散耗水量。他们曾提出利用单木液流量与冠幅之间的关系、单木液流量与单木面积之间的关系、液流量与树干基部之间的关系来推算林地的耗水量，均未获得满意的结果（王华田等，2004；谢东锋等，2004）。Werk 利用叶面积进行估算耗水量也没有成功（Werk，1988）。Hatton 等利用单木占地面积推算林分的耗水，与用微气象法测定的结果比较一致（Hatton et al.，1990）。1993 年，Thorburn 等利用边材面积与液流之间的关系进行推算，获得了较为可信的结果（胡振华等，2003）。1995 年，Hatton 等通过研究认为，木质部输导断面积、叶面积、胸径以及基于生态地域理论的单木占地都是实现单木到林分耗水尺度转换较为可信的变量。其中，胸径更易于准确测定，误差相对较小，且胸径与蒸散的相关性也较高（Hatton et al.，1995）。邢黎峰等（1998）通过对树木多种生长过程的研究认为，用 Richards 生长方程描述胸径、树高、材积等方面的生长特征，具有可塑性强、弹性大、描述准确、方程生物学意义完整等优点。树木单株累计日耗水过程为一典型的 S 曲线，符合生物生长过程的一般特征，利用生长方程描述这一过程，通常可以取得满意的结果（杜纪山等，1997）。2001 年，马李一等选用测定油松和刺槐树木胸径处的边材面积作为纯量对林分的耗水力进行推导，并建立了幂模型，在尺度扩展过程中获得了较好的结果（马李一等，2001）。2004 年，王华田对栓皮栎不同径阶单株耗水量日变化的测定结果进行尺度扩展，所得到的单木三维耗水模型拟合效果十分理想（王华田等，2004）。但由于影响林分蒸腾耗水的环境因子种类多，作用机理复杂，由现实林分环境条件下林分群体耗水量测定结果到任意环境条件下林分耗水量的尺度扩展问题到目前为止仍未解决。

植株蒸腾与树枝液流、植株蒸腾与叶片蒸腾之间表现出很好的一致性。树枝液流启动时间要早于植株蒸腾，这可能是因为叶片蒸腾是液流传输的原动力，与叶片邻近的树枝液流最新启动，以弥补叶片蒸腾水分损失。植株蒸腾与树枝液流的相关系数达到 0.730 极显著，可以利用植株蒸腾表征树枝液流。

由于叶片蒸腾最先对环境变化做出反应，因此叶片蒸腾同样限于植株蒸腾而启动。叶片蒸腾与植株蒸腾相关系数为 0.450，同样达到极显著水平，但与树枝液流和植株蒸腾的回归结果相比，二者之间的相关性相对较差，这可能是因为树枝的水容调节作用使得植株蒸腾与叶片蒸腾不同步。

通过对各种蒸散耗水测定方法的比较，结果表明：气体交换测定法和热平衡法是现代树木蒸散的主要测定方法。其中气体交换测定法测定方便且测值稳定；热平衡法可以消除系统的误差，测定结果比较准确。测定结果需用传统方法的测定结果加以校正，因此，找到一个相对标准的校正方法是今后研究的方向。

对树木蒸腾耗水计算方法都是在下垫面均一的条件进行研究改进的，公式和模型的应用都存在许多的假设。而实际的森林生态系统是一个相当复杂的系统，在非均匀下垫面条件下测算树木蒸腾耗水方法将会成为树木蒸腾耗水研究中一个重大突破。为了获取整个林分或区域的蒸散耗水量，由单木尺度耗水向林分尺度耗水量转化问题是今后的研究热点和方向，并随着卫星遥感技术和 GIS（Geographic Information System，地理信息系统）不断发展和应用将进一步深化。

第6章　龙爪槐植株蒸腾相对于环境因子的时滞分析

植株蒸腾受环境因子的影响，然而植株蒸腾与环境因子的变化并非同步，相对于不同的环境因子，植株蒸腾达到最大值的时间是不同的，这种现象称为蒸腾相对于环境因子的时滞（谢恒星等，2007）。Peramak 等发现欧洲赤松冠层蒸腾的变化与树干底部液流的时滞约为30min，Granier 等则发现山毛榉在水分充足情况下冠层蒸腾与树干液流间几乎不存在时滞。马玲等分析了马占相思树树干液流与环境因子在湿季（9 月份）和干季（12 月份）的时滞与树高（范围在 12～22m）的相关性，发现无论在湿季还是干季，光合有效辐射、水蒸气压亏缺与胸高处树干液流的时滞均与树高无关，说明马占相思冠层蒸腾与树干液流间的时滞效应可忽略，即可用树干液流的变化规律来代表冠层蒸腾的变化规律。时滞形成的原因有多种，主流观点认为水分被根系吸收传送至冠层的过程会遇到较大的阻力，树冠或树干上部的储存水被优先用于蒸腾而形成与液流之间的迟滞现象，高大树木的水分传输路径长，储存水较多，时滞也较大（Waring et al.，2006）。对松杉类裸子植物的研究均支持这一观点，但是有学者发现高大热带树种（树高>50 m)的时滞小于 20min，认为储存水不一定是时滞产生的最主要原因（Kume et al.，2008）。冠层蒸腾的启动消耗树冠的水分，枝条水势下降的信息通过树干迅速传导到基部引发根系吸水，由于被吸收的水分要经过一段时间才能到达冠层，所以冠层蒸腾与树干液流之间的时滞并不完全由储存水引起，储存水对时滞的影响可能有限（Gonzalez-Benecke et al.，2011）。此外，也有学者指出，由于树木对自身水容和水力阻力的适应性调整，个体之间的时滞差异并不明显，或者不同季节时滞有所变化（Zhao et al.，2006）。探讨植株蒸腾的时滞，可为精确利用环境因子预测植物耗水量，为植物适时适量供水提供科学的根据。

6.1　考虑时滞的龙爪槐植株蒸腾多元回归分析

6.1.1　多元回归模型的确定

偏相关分析是指当两个变量同时与第三个变量相关时，将第三个变量的影响剔除，只分析另外两个变量之间相关程度的过程。5 个气象因子与液流速率的相关、偏相关系数如表 6-1 所示。由表 6-1 可知，在相关分析条件下，太阳总辐射量和光合有效辐射量分别与 10min 后的液流速率的相关系数增大，风速与 20min 后的液流速率的相关系数也增大，因此液流速率相对于太阳总辐射量、光合有效辐射量和风速存在滞后效应，且滞后时间分别为 10min、10min、20min；在偏相关分析条件下，气温、太阳总辐射量、风速、相对湿度、光合有效辐射量分别与 50min、10min、30min、40min、10min 后的液流速率的偏相关系数增大，因此液流速率相对于气温、太阳总辐射量、风速、相对湿度和光合有效辐射量存在滞后效应，且滞后时间分别为 50min、10min、30min、40min 和 10min。

表 6-1　气象因子与液流速率的相关、偏相关系数

气象因子	滞后时长/min					
	0	10	20	30	40	50
气温	0.899/0.374	0.882/0.356	0.836/0.158	0.8420/−0.020	0.864/0.253	0.893/0.402
太阳总辐射量	0.877/0.182	0.920/0.586	0.843/0.185	0.797/−0.200	0.777/−0.120	0.788/−0.104
风速	0.285/0.208	0.230/−0.093	0.294/0.118	0.251/0.382	0.153/0.101	0.090/0.005
相对湿度	−0.435/−0.016	−0.389/0.043	−0.358/−0.143	−0.382/−0.433	−0.324/−0.490	−0.232/−0.394
光合有效辐射量	0.873/−0.162	0.915/0.580	0.837/0.182	0.790/−0.203	0.771/−0.122	0.784/−0.103

注：表中 A/B，A 代表相关系数；B 代表偏相关系数。

分别利用相关分析、偏相关分析得到的对应时刻的液流、气象数据建立多元线性回归方程，回归方程及方程系数的显著性检验如式（6-1）、式（6-2）及表 6-2 所示。

$$y = -3662.648 + 288.425x_1 + 19.924x_2 + 22.933x_3 - 31.911x_4 - 7040.728x_5$$

$$R^2 = 0.936 \tag{6-1}$$

$$y = -6337.406 + 370.563x_1 + 17.093x_2 + 42.440x_3 - 25.870x_4 - 5871.035x_5$$

$$R^2 = 0.957 \tag{6-2}$$

表 6-2　多元线性回归方程系数及其显著性检验

	回归系数	标准误差	t 值	显著水平
c_0	$-3662.648 / -6337.406$	$3098.039 / 2194.037$	$1.182 / 2.888$	$0.243 / 0.006$
c_1	$288.425 / 370.563$	$118.232 / 73.919$	$2.439 / 5.013$	$0.019 / 0.000$
c_2	$19.924 / 17.093$	$8.753 / 6.453$	$2.276 / 2.649$	$0.028 / 0.011$
c_3	$22.933 / 42.440$	$21.814 / 17.468$	$1.051 / 2.430$	$0.299 / 0.019$
c_4	$-31.911 / -25.870$	$12.862 / 11.921$	$2.481 / 2.170$	$0.017 / 0.036$
c_5	$-7040.728 / -5871.035$	$3364.171 / 2503.599$	$2.093 / 2.345$	$0.042 / 0.024$

注：表中 A/B，A 代表由相关系数确定的回归方程的系数；B 代表由偏相关系数确定的回归方程的系数；c_0 为常数项，c_1、c_2、c_3、c_4、c_5 分别为因子 x_1、x_2、x_3、x_4、x_5 的系数。表 6-3 同。

由式（6-1）和式（6-2）可知，考虑滞后效应的气象因子与液流速率的回归方程决定系数均较高，但利用偏相关分析确定的滞后时间从而建立的回归方程的拟合效果更好（决定系数为 0.957）；由表 6-2 可知，由相关系数确定的气象因子与液流速率的回归方程的系数中，因子 x_1、x_2、x_4 和 x_5 的系数 c_1、c_2、c_4 和 c_5 通过了 t 检验，达到显著水平，常数项和因子 x_3 的系数 c_0 和 c_3 没有通过 t 检验；由偏相关系数确定的气象因子与液流速率的回归方程的系数中，常数项和所有因子的系数均通过了 t 检验，达到了显著水平，其中常数项和因子 x_1 的系数 c_0 和 c_1 达到了 0.01 极显著水平。说明由偏相关分析确定液流速率相对于气象因子的滞后时间可以明显提高模型的拟合精度。

6.1.2　回归模型拟合精度对比分析

利用原始气象因子和液流速率数据建立多元线性回归模型，对比分析考虑滞后效应及利用不同方法确定滞后时间的多元线性回归模型的拟合精度。原始数据的多元线性回归方程及方程系数显著性检验如下：

$$y = -10\,349.405 + 482.094x_1 + 13.801x_2 + 46.499x_3 - 2.663x_4 - 4821.709x_5$$

$$R^2 = 0.853 \tag{6-3}$$

由式（6-3）可知，原始数据回归方程的决定系数只有 0.853，低于考虑滞后效应的回归方程的决定系数（0.936 和 0.957）；由表 6-3 可知，原始数据回归方程系数的显著性检验中，只有因子 x_1 的系数 c_1 通过了 t 检验，达到显著水平，常数项和其他因子均未通过 t 检验。说明不考虑滞后效应的回归方程的拟合精度较低，从而也证明了考虑滞后效应的必要性。

表 6-3　原始数据多元线性回归方程系数及其显著性检验

	回归系数	标准误差	t 值	显著水平
c_0	−10 349.405	5452.430	1.898	0.064
c_1	482.094	174.243	2.767	0.008
c_2	13.801	10.868	1.270	0.210
c_3	46.499	31.955	1.455	0.152
c_4	−2.663	24.743	0.108	0.915
c_5	−4821.709	4279.316	1.127	0.266

分别将气象因子数据代入由原始数据、相关分析、偏相关分析确定的回归方程中，得到液流速率的拟合值，拟合值与观测值的关系如图 6-1～图 6-3 所示。

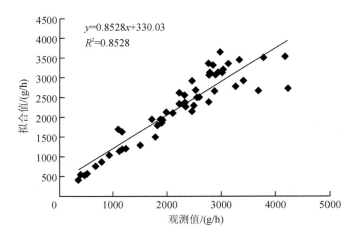

图 6-1　原始数据多元线性回归拟合结果

由观测值与拟合值的相对误差（图 6-4）可知，由原始数据、相关分析、偏相关分析确定的回归方程的相对误差中，处于 ±5% 之间的

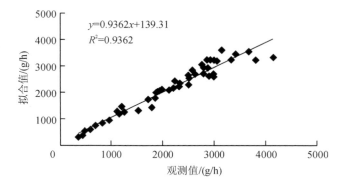

$$y=0.9362x+139.31$$
$$R^2=0.9362$$

图 6-2　相关分析确定的多元线性回归拟合结果

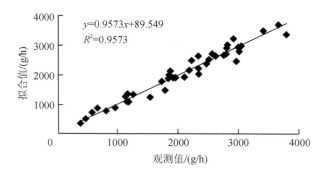

$$y=0.9573x+89.549$$
$$R^2=0.9573$$

图 6-3　偏相关分析确定的多元线性回归拟合结果

分别为 35.849%、43.137% 和 45.833%；处于 ±10% 之间的分别为 62.264%、68.627% 和 68.750%，因此在树干液流速率拟合中，考虑滞后效应的模型要比不考虑的拟合精度高，而利用偏相关分析要比利用相关分析确定的滞后时间从而建立的拟合模型的拟合效果更好。

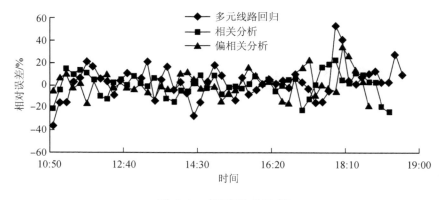

图 6-4　相对误差比较

6.1.3 结论

由于树木本身的水容调节作用和液流从树根运移到树叶需要一定的时间，从而产生了液流速率相对于环境因子的滞后效应。利用液流速率与气象因子的相关、偏相关分析得到的液流速率滞后因子及滞后时间不同。相关分析确定的相对滞后因子为太阳总辐射量、光合有效辐射量和风速，滞后时间分别为 10min、10min 和 20min；偏相关分析确定的相对滞后因子为气温、太阳总辐射量、风速、相对湿度和光合有效辐射量，滞后时间分别为 50min、10min、30min、40min 和 10min。

考虑滞后效应的拟合模型要比不考虑的拟合效果更好。在液流速率与气象因子的多元线性回归模型中，考虑滞后效应的回归方程的决定系数分别为 0.936 和 0.957，不考虑滞后效应的回归方程的决定系数只有 0.853。

利用偏相关分析比相关分析确定的液流速率滞后时间更合理。在液流速率拟合值与观测值的相对误差中，偏相关分析和相关分析确定的回归方程从而得到液流速率拟合值与观测值的相对误差，处于±5%之间的分别为 45.833% 和 43.137%；处于 ±10% 之间的分别为 68.750% 和 68.627%，偏相关分析确定的拟合模型的拟合精度更高。

在树干液流速率拟合中要考虑树干液流相对于环境因子的滞后效应，且利用液流速率与环境因子的偏相关分析确定滞后因子和滞后时间更为合理。

6.2 考虑时滞的 BP 人工神经网络蒸腾预测模型分析

由第 4 章的分析可知，在植株蒸腾预测模型中，BP 人工神经网络模型拟合精度较高。在考虑植株蒸腾相对于环境因子存在时滞的条件下，利用 BP 人工神经网络模型拟合植株蒸腾，表 6-4、表 6-5 分别为所建模型输入层各神经元与隐含层各神经元的连接权值，隐含层各神经元与输出层各神经元的连接权值。

表 6-4　输入层各神经元与隐含层各神经元之间的连接权值 w_{ij}

j	i					
	1	2	3	4	5	6
1	−3.046	0.565	0.810	0.590	−3.842	−0.303
2	−0.029	0.953	0.423	−0.968	4.599	−1.457
3	−2.179	−0.471	1.025	0.272	−3.306	0.320
4	−1.380	−0.902	0.976	−0.654	1.580	0.307
5	1.197	−1.138	0.234	−1.061	0.272	−0.917
6	−2.587	−0.873	0.873	−0.491	−2.393	0.317

表 6-5　隐含层各神经元与输出层各神经元之间的连接权值 v_{jt}

j	1	2	3	4	5	6
v_{jt}	−3.663	1.159	2.024	−0.265	−3.048	−1.087

　　将环境因子数据代入所建立的神经网络模型，得到植株蒸腾拟合结果及误差分析如图 6-5、图 6-6 所示。

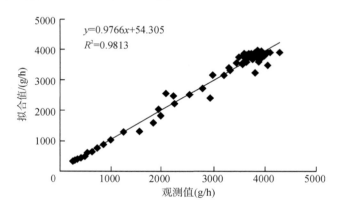

图 6-5　蒸腾速率观测值与拟合值关系

　　由图 6-5 可知，在考虑植株蒸腾值时滞的条件下，BP 人工神经网络模型拟合蒸腾速率的观测值与拟合值回归方程决定系数为 0.981，相对于不考虑蒸腾时滞的方程回归决定系数（0.958）有所提高；蒸腾速率观测值与拟合值相对误差在 ±5% 和 ±10% 范围内的分别为 64.615% 和 81.538%，而不考虑蒸腾时滞的 BP 人工神经网络模型拟合蒸腾速率的观测值与拟合值的相对误差在 ±5% 和 ±10% 范围内的分别为 48.529% 和 70.588%，因此，考虑蒸腾时滞可以提高预测模型的精度。

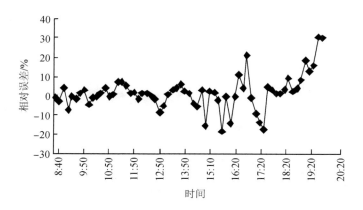

图 6-6　BP 人工神经网络相对误差

6.3　考虑时滞的主成分蒸腾预测模型分析

为了减少信息的重叠和变量的个数，利用考虑时滞的主成分分析法来建立蒸腾的预测模型，以对比不考虑时滞的模型预测精度变化。按照主成分分析的步骤，以累计贡献率超过 85% 的原则筛选 3 个主成分，表达式分别为

$$Z_1 = 0.970X_1 + 0.525X_2 + 0.823X_3 - 0.126X_4 - 0.774X_5 + 0.834X_6 \tag{6-4}$$

$$Z_2 = -0.019X_1 - 0.825X_2 + 0.554X_3 - 0.144X_4 + 0.610X_5 + 0.539X_6 \tag{6-5}$$

$$Z_3 = 0.058X_1 - 0.053X_2 + 0.075X_3 + 0.982X_4 + 0.032X_5 + 0.070X_6 \tag{6-6}$$

按照每个主成分表达式中各个因子的权重系数，同样地把 Z_1、Z_2 和 Z_3 归结为太阳辐射因素、土壤因素和空气动力因素。

综合环境影响因子 Z 的表达式为

$$Z = (53.416Z_1 + 27.855Z_2 + 16.351Z_3)/97.622 \tag{6-7}$$

对综合环境影响因子 Z 和蒸腾速率 q 进行相关分析，经分析知，二者的相关系数为 0.896，达到极显著水平（相关系数临界值，

$a=0.01$ 时，$r=0.3173$）。由综合环境影响因子和蒸腾速率的回归图像（图 6-7）可知，回归方程的决定系数达到 0.803，相对于不考虑蒸腾时滞的回归方程的决定系数（0.760）有所提高，因此在利用主成分分析预测植株蒸腾速率时，考虑蒸腾的时滞可以提高拟合精度。

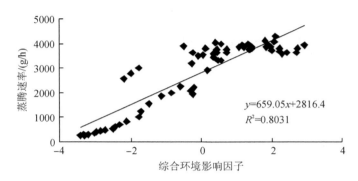

$$y=659.05x+2816.4$$
$$R^2=0.8031$$

图 6-7　考虑时滞综合环境影响因子与蒸腾关系

6.4　小　　结

由于植株本身的水容调节和水分由根经过树干、树枝传输到叶片需要一段时间，叶片最先对环境因子的变化产生反应表现为蒸腾速率的改变，因此表征蒸腾的树干相对于环境因子存在一定的时滞。分别利用 6 个环境因子与蒸腾速率进行偏相关分析，结果表明，植株蒸腾相对于太阳总辐射、风速、相对湿度和光合有效辐射的时滞长度分别为 10min、30min、20min 和 10min。

在考虑蒸腾时滞的条件下，利用拟合精度较高的 BP 人工神经网络模型来预测植株蒸腾，蒸腾速率的观测值与拟合值回归方程的决定系数达到 0.981，高于不考虑时滞的回归方程的决定系数；观测值与拟合值相对误差在 ±5% 和 ±10% 范围内的分别为 64.615% 和 81.538%，相对于不考虑时滞的误差范围要小，因此在考虑时滞的条件下，BP 人工神经网络模型可以提高预测精度。

为了减少信息的重叠和变量的个数，主成分分析是一种较为理想的分析方法。在考虑蒸腾时滞的条件下，构造的综合环境影响因子与蒸腾速率的相关系数达到 0.896 极显著水平，回归方程的决定系数达到 0.803，高于不考虑时滞的回归方程的决定系数，因此，考虑时滞同样可以提高主成分分析模型的预测精度。

综上所述，考虑植株蒸腾相对于环境因子的时滞可以提高蒸腾预测模型的拟合精度。

第7章 结 论

    利用基于热平衡原理的包裹式茎流测量系统测量了鲁东大学水土资源实验室室内及室外人工林内龙爪槐蒸腾的日变化及月际变化，利用全自动气象站同步观测了微环境因子，分析了植株蒸腾的动态变化，研究了植株蒸腾的预测模型，并探讨了蒸腾相对于环境因子的时滞，得到以下结论。

    （1）室内仪器校正试验中，利用称重法与利用液流法测量的植株蒸腾耗水量相关系数达到 0.988 极显著水平，说明利用树干液流反映植株蒸腾的做法是可行的，且二者的转换关系为 $y_e = 1.3409x_f$，式中，y_e 为植物蒸腾耗水量，单位 kg；x_f 为液流量，单位 kg。

    （2）室外不同天气条件下的植株蒸腾测量表明，晴天的植株蒸腾数值较大，午间的蒸腾值没有随着太阳辐射和温度的持续上升而上升，这可能与气孔的午间关闭有关；雨天的植株蒸腾速率数值较低，这可能是因为降水增大了空气湿度，叶片内外的蒸气压梯度大大降低，降水还促使叶片气孔关闭，从而制约了上升液流，表现为蒸腾较低；阴天太阳辐射较弱，叶片气孔开度相对较小，蒸腾速率也相应减小。植株蒸腾速率的月际变化分析表明，随着时间的推移，植株蒸腾启动时间逐渐推迟，这可能是因为在水分供应充分的条件下，蒸腾速率的启动和大小受太阳辐射的影响较大，随着时间的推移，太阳辐射强度达到最大值的时间逐渐推后，且最大太阳辐射强度也在降低，表现为蒸腾速率的启动时间推后，最大值逐渐降低。树干含水率的日变化测量表明，一天中树干含水率变化较小，树干的水容作用很小，可以忽略不计，进一步证明了在本试验中利用树干液流反映植株蒸腾的可行性。

    （3）环境因子与蒸腾速率的相关分析表明，气温、太阳总辐射、相对湿度和光合有效辐射与蒸腾速率的相关程度达到 0.01 极显著水平，相对湿度与蒸腾速率呈显著负相关，土壤温度和风速与蒸腾速率的相关性相对较弱，其中风速的相关程度最弱，相关系数仅为 0.041。分别利用 6 个环境因子与蒸腾速率建立回归方程，回归结果表明，空气温度、太阳总辐射和光合有效辐射量与蒸腾回归模型的拟合精度较高，相对湿度、土壤温度和风速与液流速率回归模型的拟合效果相对较差。

（4）多元线性回归和逐步回归在蒸腾预测中效果基本相似，且两种模型的拟合效果均较好，但随着时间的推移，逐步回归模型的相对误差逐渐增加，这可能是因为逐步回归剔除了对蒸腾影响不显著的因子，但随着时间的推移，该因子在蒸腾影响中的作用增加，从而导致由于忽略主要因子的作用而致使拟合误差增大。

（5）主成分分析采用降维处理技术，减少变量之间信息的重叠，同时可以减少变量的个数，从而使蒸腾的解释变得简单明了。利用由主成分表达式构建的综合环境影响因子与蒸腾速率进行一元回归，模型的决定系数为 0.760，拟合效果较好，相对于多元线性回归和逐步回归拟合精度有所下降，但由于主成分分析的自身优势，在综合考虑蒸腾影响因素（土壤水肥状况、植物长势等）从而解释蒸腾变化时，主成分分析可以使问题简化，因此在一定的误差允许范围内，主成分分析仍是一种较为理想的分析方法。

（6）ARIMA 模型和 BP 人工神经网络模型在蒸腾预测中精度最高，预测模型的决定系数分别达到 0.990 和 0.958，与传统的多元线性回归和逐步回归相比，模型的拟合精度显著提高。对于 ARIMA 模型来说，随着时间的推移，模型的适用性逐渐降低，这可能是因为随着时间的变化，温度和太阳辐射均降低且变化幅度下降，龙爪槐叶片气孔开度减小导致蒸腾量减小，环境因子与蒸腾的变化出现不一致，从而降低了模型的拟合精度。

（7）植株蒸腾与树枝液流、植株蒸腾与叶片蒸腾之间表现出很好的一致性。树枝液流启动时间要早于植株蒸腾，这可能是因为叶片蒸腾是液流传输的原动力，与叶片邻近的树枝液流最新启动，以弥补叶片蒸腾水分损失。植株蒸腾与树枝液流的相关系数达到 0.730 极显著，可以利用植株蒸腾表征树枝液流。由于叶片蒸腾最先对环境变化做出反应，因此叶片蒸腾同样限于植株蒸腾而启动。叶片蒸腾与植株蒸腾相关系数为 0.450，同样达到极显著水平，但与树枝液流和植株蒸腾的回归结果相比，二者之间的相关性相对较差，这可能是因为树枝的水容调节作用使得植株蒸腾与叶片蒸腾不同步。

（8）由于植株本身的水容调节和水分由根经过树干、树枝传输到叶片需要一段时间，叶片最先对环境因子的变化产生反应表现为蒸腾速率的改变，因此表征蒸腾的树干相对于环境因子存在一定的时滞。分别利用 6 个环境因子与蒸腾速率进行偏相关分析，结果表明，植株蒸腾相对于太阳总辐射、风速、相对湿度和光合有效辐射的时滞长度分别为 10min、30min、20min 和 10min。

（9）在考虑蒸腾时滞的条件下，利用拟合精度较高的 BP 人工神经网络模型来预测植株蒸腾，蒸腾速率的观测值与拟合值回归方程的决定系数达到 0.981，高于不考虑时滞的回归方程的决定系数；观测值与拟合值相对误差在 ±5% 和 ±10% 范围内的分别为 64.615% 和 81.538%，相对于不考虑时滞的误差范围要小，因此在考虑时滞的条件下，BP 人工神经网络模型可以提高预测精度。

（10）在考虑蒸腾时滞的条件下，利用主成分分析预测植株蒸腾，构造的综合环境影响因子与蒸腾速率的相关系数达到 0.896 极显著水平，回归方程的决定系数达到 0.803，高于不考虑时滞的回归方程的决定系数，因此，考虑时滞同样可以提高主成分分析模型的预测精度。

参 考 文 献

白云岗，宋郁东，周宏飞，等. 2005. 应用热脉冲技术对胡杨树干液流变化规律的研究[J]. 干旱区地理,28(3): 373-376.

蔡焕杰. 1992. 用冠层温度诊断作物水分状况及估算农田蒸散量研究[D]. 杨凌：西北农业大学博士学位论文.

蔡焕杰，熊运章. 1994. 由瞬时遥感蒸散量估算农田蒸散日总量的模式[J]. 中国农业气象, 15(6): 16-18.

曹建生，韩淑敏，张万军. 2001. 波文比在石榴经济林地水热平衡研究中的应用[J]. 资源生态环境网络研究动态,12(1): 18-23.

陈杰，齐亚东. 1990. 对应用氚水法测定林木蒸腾量的评价[J]. 东北林业大学学报,18(3): 105-113.

陈镜明. 1988. 现用遥感蒸散模式中的一个重要缺点及改进[J]. 科学通报,33(6): 454-4571.

陈云浩，李晓兵，史培军. 2001. 中国西北地区蒸发散量计算的遥感研究[J]. 地理学报, 56(3): 261-268.

陈云浩，李晓兵，史培军. 2002. 非均匀陆面条件下区域蒸散量计算的遥感模型[J]. 气象学报, 60(4): 508-512.

杜纪山，唐守正. 1997. 林分断面积生长模型研究评述[J]. 林业科学研究,10(6): 599-606.

段爱国，张建国，张俊佩，等. 2009. 金沙江干热河谷植被恢复树种盆栽苗蒸腾耗水特性的研究[J]. 林业科学研究,22(1): 55-62.

樊引琴. 2001. 作物蒸发蒸腾量的测定与作物需水量计算方法的研究[D]. 杨凌：西北农林科技大学硕士学位论文.

逄春浩. 1994. 土壤水分测定方法的新进展[J]. 干旱区资源与环境,8(2): 69-76.

冯金朝，黄子深. 1995. 春小麦蒸发蒸腾的调控[J]. 作物学报,21(5): 544-550.

高震. 1998. 植物的顶端优势和水分上升机理新说[J]. 生物学杂志,15(4): 27-29.

高岩，张汝民，刘静. 2001. 应用热脉冲技术对小美旱杨树干液流的研究[J]. 西北植物学报, 21(4): 644-649.

龚道枝，王金平，康绍忠，等. 2001. 不同水分状况下桃树根茎液流变化规律研究[J]. 农业工程学报,17(4): 34-38.

龚元石，李子忠，李春有. 1998. 应用时域反射仪测定的土壤水分估算农田蒸散量[J]. 应用气象学报,9(1): 72-78.

郭笃发，王秋兵. 2005. 主成分分析法对土壤养分与小麦产量关系的研究[J]. 土壤学报, 42(3): 523-527.

郭柯，董学军，赵雨星，等. 1996. 植物剪枝蒸腾速率变化规律的初步研究[J]. 植物学报,

38(8)：661-665.

郭孟霞，毕华兴，刘鑫，等. 2006. 植株蒸腾耗水研究进展[J]. 中国水土保持科学，4(4)：114-120.

郭晓寅. 2005. 黑河流域蒸散发分布的遥感估算[J]. 自然科学进展，15(10)：1266-1270.

郭玉川，董新光. 2007. SEBAL 模型在干旱区区域蒸散发估算中的应用[J]. 遥感信息，3：75-78.

郭志中，赵明，王耀琳，等. 1996. 民勤绿洲沙地西瓜、白兰瓜蒸腾蒸试验研究[J]. 干旱地区农业研究，14(4)：67-72.

过仲阳，陈中原，李绿芊，等. 2001. 人工神经网络技术在水质动态预测中的应用[J]. 华东师范大学学报(自然科学版)，1：84-89.

郝建军，康宗利. 2005. 植物生理学[M]. 北京：化学工业出版社.

和文祥，朱铭莪. 1997. 陕西土壤脲酶活性与土壤肥力关系分析[J]. 土壤学报，34(4)：392-398.

贺康宁，张学培. 1998. 晋西黄土残塬沟壑区防护林热收支持性及蒸散研究[J]. 北京林业大学学报，20(6)：7-13.

胡燕瑜，桂卫华，李勇刚，等. 2003. 基于 BP 神经网络的熔融锌液流量检测[J]. 有色金属，55(3)：143-146.

胡振华，王治国. 2003. 晋西黄土残垣区坡面的日蒸散模型[J]. 中国水土保持科学，1(1)：95-98.

黄妙芬. 2003. 地表通量研究进展[J]. 干旱区地理，26(2)：159-164.

黄明，洪天求. 2005. 基于主成分分析的巢湖水质影响因子研究[J]. 合肥工业大学学报(自然科学版)，28(6)：639-642.

黄子琛，蒲锦春，高征锐. 1988. 河西地区农作物的蒸发蒸腾试验研究[J]. 中国沙漠，8(2)：54-64.

黄子琛，蒲锦春，高征锐. 1991. 临泽北部绿洲玉米生育期的蒸发蒸腾试验研究[J]. 植物学报，33(8)：633-641.

蒋任飞，阮本清，韩宇平，等. 2005. 基于 BP 神经网络的参照腾发量预测模型[J]. 中国水利水电科学研究院学报，3(4)：308-311.

巨关升，刘奉觉，郑世锴. 1998. 选择树木蒸腾耗水测定方法的研究[J]. 林业科技通讯，10：12-14.

巨关升，刘奉觉，郑世锴，等. 2000. 稳态气孔计与其他 3 种方法蒸腾测值的比较研究[J]. 林业科学研究，13(4)：360-365.

康峰峰，马钦彦，牛德奎，等. 2003. 山西太岳山地区辽东栎林夏季热量平衡的研究[J]. 江西农业大学学报(自然科学版)，25(2)：209-214.

康绍忠. 1999. 西北地区农业节水与水资源持续利用[M]. 北京：中国农业出版社.

康绍忠，刘晓明，熊运章，等. 1994. 土壤植物大气连续体水分传输理论及其应用[M]. 北京：

水利电力出版社.

康绍忠,熊运章. 1990. 干旱缺水条件下麦田蒸散量的计算方法[J]. 地理学报,45(4): 475-483.

康绍忠,张富仓,刘晓明. 1995. 作物叶面蒸腾与棵间蒸发分摊系数的计算方法[J]. 水科学进展,6(4): 285-289.

柯晓新,张旭东,彭素琴,等. 1996. 旱作春小麦农田蒸散与能量平衡[J]. 气象学报,54(3): 348-356.

李宝庆,刘昌明,杨克定. 1991. 用零通量面法测定农田蒸发量//左大康,谢贤群. 农田蒸发研究[M]. 北京:气象出版社.

李秉祥. 2005. 基于主成分分析法的我国上市公司信用风险评价模型[J]. 西安理工大学学报,21(2): 219-222.

李国泰. 2002. 种园林树种光合作用特征与水分利用效率比较[J]. 林业科学研究,15(3): 291-296.

李海涛,陈灵芝. 1998. 应用热脉冲技术对棘皮桦和五角枫树干液流的研究[J]. 北京林业大学学报,20(1): 1-6.

李吉跃,张建国,姜金璞. 1994. 京西山区人工林水分参数的研究(Ⅰ~Ⅲ)[J]. 北京林业大学学报,16(1): 1-12; 16(2): 1-9; 16(4): 35-40.

李小磊,张光灿,周泽福,等. 2005. 黄土丘陵区不同土壤水分下核桃叶片水分利用效率的光响应[J]. 中国水土保持科学,3(1): 43-47.

李星敏,卢玲,李新,等. 2010. 黑河流域日蒸散发遥感估算研究[J]. 高原气象,29(1): 109-114.

李彦,黄妙芬. 1996. 绿洲-荒漠交界处蒸发与地表热量平衡分析[J]. 干旱区地理,19(3): 80-87.

李彦,陈祖森,张保,等. 2005. 参考作物蒸发蒸腾量的多元线性回归模型研究[J]. 新疆农业大学学报,28(1): 70-72.

刘昌明,窦清晨. 1992. 土壤-植物-大气连续体模拟中的蒸散发计算[J]. 水科学进展,3(4): 255-263.

刘昌明,张喜英,由懋正. 1998. 大型蒸渗仪与小型棵间蒸发器结合测定冬小麦蒸散的研究[J]. 水利学报,10: 36-39.

刘德林,刘贤赵. 2006. GREEN SPAN 茎流法对玉米蒸腾规律的研究[J]. 水土保持研究,13(2): 134-137.

刘发民. 1996. 利用校准的热脉冲方法测定松树树干液流[J]. 甘肃农业大学学报,31(2): 167-170.

刘奉觉,郑世锴,巨关升,等. 1993. 研究树干液流时空动态研究[J]. 林业科学研究,6(4): 368-372.

刘奉觉,郑世锴,巨关升,等. 1997. 树木蒸腾耗水测算技术的比较研究[J]. 林业科学,33(2):

117-126.

刘建立,程丽莉,余新晓. 2009. 乔木蒸腾耗水的影响因素及研究进展[J]. 世界林业研究, 22(4): 34-40.

刘蓉,文军,张堂堂,等. 2008. 利用 MERIS 和 AATSR 资料估算黄土高原塬区蒸散发量研究[J]. 高原气象, 27(5): 949-955.

刘世荣,常建国,孙鹏森. 2007. 森林水文学:全球变化背景下的森林与水的关系[J]. 植物生态学报, 31: 753-756.

刘艳,杨鹏. 2006. 基于 ANN 的预警指标预测系统在企业经济运行预警中的应用[J]. 统计与决策, (4): 161-163.

卢振民. 1986. 估算田间水分蒸腾的新模式[J]. 水利学报, (5): 43-45.

罗青红,李志军. 2005. 树木水分生理生态特性及抗旱性研究进展[J]. 塔里木大学学报, 17(2): 29-33.

罗中岭. 1997. 热量法茎流测定技术的发展及应用[J]. 中国农业气象, 18(3): 52-57.

罗中岭,张建生. 1996. 小麦液流及蒸腾速率测定方法初探[J]. 中国农业气象, 17(1): 44-47.

马长明,管伟,叶兵,等. 2005. 利用热扩散式边材液流探针(TDP)对山杨树干液流的研究[J]. 河北农业大学学报, 28(1): 40-43.

马达,李吉跃,聂立水. 2005. 不同坡向对栓皮栎耗水规律的影响[J]. 河北林果研究, 20(4): 323-327.

马李一,孙鹏森,马履一. 2001. 油松、刺槐单木与林分水平耗水量的尺度转换[J]. 北京林业大学学报, 23(4): 2-5.

马玲,赵平,饶兴权,等. 2005a. 乔木蒸腾作用的主要测定方法[J]. 生态学杂志, 24(1): 88-96.

马玲,赵平,饶兴权,等. 2005b. 马占相思树干液流特征及其与环境因子的关系[J]. 生态学报, 25(9): 2145-2151.

马履一,王华田,林平. 2003. 北京地区几个造林树种耗水性比较研究[J]. 北京林业大学学报, 25(2): 1-7.

马耀明,戴有学,马伟强,等. 2004. 干旱半干旱区非均匀地表区域能量通量的卫星遥感参数化[J]. 高原气象, 23(2): 139-146.

满荣洲,懂世仁,郭景唐. 1986. 华北油松人工林蒸腾的研究[J]. 北京林业大学学报, 8(2): 1-7.

孟平,张劲松,王鹤松,等. 2005. 苹果树蒸腾规律及其与冠层微气象要素的关系[J]. 生态学报, 25(5): 1075-1081.

莫兴国. 1997. 冠层表面阻力与环境因子系统模型及其在蒸发估算中的应用[J]. 地理研究, 16(2): 81-88.

牛国跃,孙菽芬,洪钟祥. 1997. 沙漠土壤和大气边界层中水热交换和传输的数值模拟研究[J]. 气象学报, 55(4): 398-407.

潘卫华，徐涵秋，李文，等. 2007. 卫星遥感在东南沿海区域蒸散（发）量计算上的反演[J]. 中国农业气象，28(2)：154-158.

潘志强，刘高焕. 2003. 黄河三角洲蒸散的遥感研究[J]. 地球信息科学，(3)：91-96.

庞文宏，刘倩，马晓丽，等. 2003. 青年女性血沉正常参考值与中国地理因素的主成分分析[J]. 中国血液流变学杂志，13(1)：11-14.

裴步祥. 1985. 蒸发和蒸散的测定与计算方法的现状及发展[J]. 气象科技，(1)：69-74.

乔平林，张继贤，王翠华. 2007. 石羊河流域蒸散发遥感反演方法[J]. 干旱区资源与环境，21(4)：107-110.

邱权，潘昕，李吉跃，等. 2014. 速生树种尾巨桉和竹柳幼苗耗水特性和水分利用效率[J]. 生态学报，34(6)：1401-1410.

石美娟. 2005. ARIMA模型在上海市全社会固定资产投资预测中的应用[J]. 数理统计与管理，24(1)：69-74.

石青，余新晓，李文宇，等. 2004. 水源涵养林林木耗水称重法试验研究[J]. 中国水土保持科学，2(2)：84-87.

司建华，冯起，张小由，等. 2005. 植物蒸散耗水量测定方法研究进展[J]. 水科学进展，16(3)：450-459.

苏建平，康博文. 2004. 我国植株蒸腾耗水研究进展[J]. 水土保持研究，11(2)：177-186.

孙国祥，闫婷婷，汪小旵，等. 2014. 基于小波变换和动态神经网络的温室黄瓜蒸腾速率预测[J]. 南京农业大学学报，37(5)：143-152.

孙慧珍，周晓峰，康绍忠. 2004. 应用热技术研究树干液流进展[J]. 应用生态学报，5(6)：1075-1078.

孙慧珍，周晓峰，赵惠勋. 2002. 白桦树干液流的动态研究[J]. 生态学报，22(9)：1387-1391.

孙景生，熊运章，康绍忠. 1993. 农田蒸发蒸腾的研究方法与进展[J]. 灌溉排水，13(4)：36-38.

孙立达，朱金兆. 1995. 水土保持林体系综合效益研究与评价[M]. 北京：中国科学技术出版社.

孙鹏森，马履一. 2002. 水源保护树种耗水特性研究与应用[M]. 北京：中国环境科学出版社.

孙鹏森，马履一，王小平. 2000. 油松树干液流的时空变异性研究[J]. 北京林业大学学报，22(5)：1-6.

孙菽芬，牛国跃，洪钟祥. 1998. 干旱及半干旱区土壤水热传输模式研究[J]. 大气科学，21(1)：1-10.

孙卫国，申双和. 2000. 农田蒸散量计算方法的比较研究[J]. 南京气象学院学报，23(1)：101-105.

孙志刚，王勤学，欧阳竹，等. 2004. MODIS水汽通量估算方法在华北平原农田的适应性验证[J]. 地理学报，59(1)：49-55.

唐登银，程维新，洪嘉琏. 1984. 我国蒸发研究的概况与展望[J]. 地理研究，3(3)：84-97.

唐启义,冯明光. 2002. 实用统计分析及其 DPS 数据处理系统[M]. 北京:科学出版社.

田晶会,贺康宁,王百田,等. 2005. 黄土半干旱区侧柏气体交换和水分利用效率日变化研究[J]. 北京林业大学学报,27(1):42-46.

田砚亭,董世仁,江泽平. 1989. 氚水示踪法研究油松人工林的蒸腾. 核农学报,3(3):168-174.

佟长福,史海滨,包小庆,等. 2011. 基于小波分析理论组合模型的农业需水量预测[J]. 农业工程学报,27(5):93-98.

王安志,裴铁璠. 2001. 森林蒸散测算方法研究进展与展望[J]. 应用生态学报,12(6):933-937.

王华田. 2003. 林木耗水性研究评述[J]. 世界林业研究,16(2):23-27.

王华田,马履一. 2002a. 利用热扩式边材液流探针(TDP)测定树木整株蒸腾耗水量的研究[J]. 植物生态学报,26(6):661-667.

王华田,马履一,孙鹏森. 2002b. 油松、侧柏深秋边材木质部液流变化规律的研究[J]. 林业科学,38(5):31-37.

王华田,邢黎峰,马履一. 2004. 栓皮栎水源林林木耗水尺度扩展方法研究[J]. 林业科学,40(6):170-175.

王会肖,刘昌明. 1997. 农田蒸散、土壤蒸发与水分有效利用[J]. 地理学报,52(5):447-454.

王瑞辉,马履一,奚如春,等. 2006. 元宝枫生长旺季树干液流动态及影响因素[J]. 生态学杂志,25(3):231-237.

王世谦,苏娟,杜松怀. 2010. 基于小波变换和神经网络的短期风电功率预测方法[J]. 农业工程学报,26(S2):125-129.

王笑影. 2003. 农田蒸散估算方法研究进展[J]. 农业系统科学与综合研究,19(2):81-84.

魏天兴,朱金兆,张学培. 1999. 林分蒸散耗水量测定方法评述[J]. 北京林业大学学报,21(3):85-91.

温仲明,从怀军,焦峰. 2005. 黄土丘陵沟壑区小叶杨林生长的空间差异分析-以吴旗县为例[J]. 水土保持通报,25(1):15-17.

吴擎龙,雷志栋,杨诗秀. 1996. 求解 SPAC 系统水热输移的耦合迭代计算方法[J]. 水利学报,2:1-9.

谢东锋,马履一,王华田. 2004. 树木边材液流传输研究述评[J]. 江西农业大学学报,26(1):149-153.

谢恒星,张振华,杨润亚,等. 2007. 龙爪槐树干液流相对于气象因子的滞后效应分析[J]. 林业科学,43(5):106-110.

谢贤群. 1990a. 测定农田蒸发耗水量的试验研究[J]. 中国农业气象,11(3):55.

谢贤群. 1990b. 测定农田蒸发的试验研究[J]. 地理研究,9(4):94-102.

谢贤群. 1991. 遥感瞬时作物表面温度估算农田全日蒸发散总量[J]. 环境遥感,6(4):253-259.

谢正桐. 1998. 考虑植被影响的陆气耦合模式[J]. 力学学报, 30(3): 267-276.

邢黎峰, 孙明高, 王元军. 1998. 生物生长的 Richards 模型[J]. 生物数学学报, 13(3): 348-353.

徐德应. 1993. 森林水文学-森林蒸散//马雪华. 森林水文学[M]. 北京: 中国林业出版社.

许迪, 刘钰. 1997. 测定和估算田间作物腾发量方法研究综述[J]. 灌溉排水, 16(4): 54-59.

杨秀海, 刘晶淼. 2002. 西藏改则地区冬夏地表热平衡特征[J]. 西藏科技, (2): 48-54.

于贵瑞, 孙晓敏. 2006. 陆地生态系统通量观测的原理与方法[M]. 北京: 高等教育出版社.

岳广阳, 赵哈林, 张铜会. 2007. 不同天气条件下小叶锦鸡儿茎流及耗水特性[J]. 应用生态学报, 18(10): 2173-2178.

张国盛. 2000. 干旱、半干旱地区乔灌木树种耐旱性及林地水分动态研究进展[J]. 中国沙漠, 20(4): 364-368.

张继澍. 1999. 植物生理学[M]. 西安: 世界图书出版公司.

张劲松, 孟平, 尹昌君. 2001. 植物蒸散耗水量计算方法综述[J]. 世界林业研究, 14(2): 23-27.

张万昌, 刘三超, 蒋建军, 等. 2004. 基于 GIS 技术的黑河流域地表通量及蒸散发遥感反演[J]. 海洋科学进展, 22(增刊): 138-145.

赵平, 饶兴权, 马玲, 等. 2006. 马占相思(*Acacia mangium*)树干液流密度和整树蒸腾的个体差异[J]. 生态学报, 26(12): 4050-4058.

郑海雷, 黄子琛. 1994. 绿洲生态条件下春小麦蒸发蒸腾特征及其影响因子[J]. 植物生态学报, 18(4): 362-371.

中国工程院重大咨询项目组. 2001. 中国水资源现状评价和供需发展趋势分析[M]. 北京: 中国水利水电出版社.

张永忠, 李宝庆. 1991. 用水量平衡法计算农田实际蒸发量//左大康, 谢贤群. 农田蒸发研究[M]. 北京: 气象出版社.

朱志林, 孙晓敏, 张仁华. 2001. 淮河流域典型水热通量的观测分析[J]. 气候与环境研究, 6(2): 214-220.

左大康, 覃文汉. 1988. 国外蒸发研究的进展[J]. 地理研究, 7(1): 86-94.

Allen R G, Prueger J H, Hill R W. 1992. Evapotranspiration from isolated stands of hydrophytes: Cattall and bulrush[J]. American Society of Agricultural Engineers, 35(4): 1191-1198.

Allen R G, Pereira L S, Raes D, et al. 1998. Crop evapotranspiration: Guidelines for computing crop water requirements[J]. Fao Irrigation and Drainage Paper, 56.

Anfodillo T, Sigalotti G B, Tomasi M, et al. 1993. Applications of a thermal imaging technique in the study of the ascent of sap in woody species[J]. Plant Cell and Environment, 16: 997-1001.

Baldocchi D. 1994. A comparative study of mass and energy exchange rates over a closed C_3

(wheat) and an open C_4 (corn) crop Ⅱ. CO_2 exchange and water use efficiency [J]. Agricultural and Forest Meteorology, 67: 291-321.

Bariac T, Rambal S, Jusserand C, et al. 1989. Evaluating water fluxes of field-grow alfalfa from diurnal observations of natural isotope concentrations, energy budget and ecophysiological parameters[J]. Agricultural & Forest Meteorology, 48: 263-283.

Barr A G, King K M, Gillespie T J, et al. 1994. A comparison of Bowen Ratio and Eddy Correlation Sensible and Latent Heat flux measurements above deciduous forest[J]. Boundary-Layer Meteorology, 71(1-2): 21-41.

Bernacchi C J, Portis A R, Nakano H, et al. 2002. Temperature response of mesophyll conductance. Implication for the determination of rubisco enzyme kinetics and for limitations to photosynthesis in vivo [J]. Plant Physiology, 130: 1992-1998.

Bernhofer C. 1992. Estimating forest evapotranspiration at a non-ideal site[J]. Agricultural and Forest Meteorology, 60(1-2): 17-32.

Box G E P, Jenkis G M, Reinsel G C. 2008. Time Series Analysis: Forecasting and Control[M]. 4th Edition. San Francisco: San Francisco Press.

Brotzge J A, Crawford K C. 2003. Examination of the surface energy budget: a comparison of eddy correlation and bowen ratio measurement systems[J]. Journal of Hydrometeorology, 4(2): 160-178.

Brown K W, Rosenberg N J. 1973. A resistance model to predict evapotranspiration and its application to a sugar beet filed[J]. Agronomy Journal, 65(3): 341-347.

Bucci S J, Scholz F G, Goldstein G, et al. 2004. Processes preventing nocturnal equilibration between leaf and soil water potential in tropical savanna woody species[J]. Tree Physiology, 24: 1119-1127.

Calder I R. 1992. Water use of eucalyptus-a review//Calder I R, Hall R I. Growth and water use of forest plantation[C]. Chichester: John Wiley and Sons: 167-179.

Carlson T N, Capehart W J, Gillies R R. 1995. A new look at the simplified method for remote sensing of daily evapo transpiration[J]. International Journal on Remote Sensing, 54(2): 161-167.

Caselles V, Artigao M M, Hurtado E, et al. 1998. Mapping actual evapotranspiration by combining landsat TM and NOAA-AVHRR images: Application to the Barrax area, Albacete, Spain[J]. Remote Sensing of Environment, 63(1): 1-10.

Chelcy R F, Carol E G, Robert J M, et al. 2004. Diurnal and seasonal variability in the radial distribution of sap flow: Predicting total stemflow in Pinus taeda trees[J]. Tree Physiology, 24: 941-950.

Dawson T E, Burgess S S O, Tu K P, et al. 2007. Nighttime transpiration in woody plants from contrasting ecosystems[J]. Tree Physiology, 27: 561-575.

Dewar R C. 2005. Maximum entropy production and the fluctuation theorem[J]. Journal of Physics A: Mathematical and General, 38: 371-381.

Diawara A, Loustau D, Berbigier P. 1991. Comparison of two methods for estimating the evaporation of a *Pinus pinaster* (Ait.) stand: Sap flow and energy balance with sensible heat flux measurements by an eddy covariance method[J]. Agricultural & Forest Meteorology, 54(1): 49-66.

Dugas W A, Fritschen L J, Gay L W, et al. 1991. Bowen ratio, eddy correlation, and portable chamber measurements of sensible and latent heat flux over irrigated spring wheat[J]. Agricultural and Forest Meteorology, 56(1-2): 1-20.

Dye P J. 1996. Climate, forest and stream flow relationships in South Africa afforested catchments[J]. Commonwealth Forestry Review, 75: 31-38.

Farquhar G D. 1978. Feedforward responses of stomata to humidity[J]. Australian Journal of Plant Physiology, 5(6): 787-800.

Fisher J B, Baldocchi D D, Misson L. 2007. What the towers don't see at night: Nocturnal sap flow in trees and shrubs at two AmeriFlux sites in California[J]. Tree Physiology, 27: 597-610.

Flerchinger G N, Hanson C L, Wight J R. 1996. Modeling evapotranspiration and surface budgets across a watershed[J]. Water Resources Research, 32(8): 2539-2548.

Ford C R, Carol E G, Robert J M, et al. 2005. Modeling canopy transpiration using time series analysis: A case study illustrating the effect of soil moisture deficit on *Pinus taeda*[J]. Agricultural & Forest Meteorology, 130(3): 163-175.

Fredrik L, Anders L. 2002. Transpiration response to soil moisture in pine and spruce trees in Sweden [J]. Agricultural and Forest Meteorology, 112: 67-85.

Gentine P, Entekhabi D, Chehbouni A, et al. 2007. Analysis of evaporative fraction diurnal behaviour[J]. Agricultural and Forest Meteorology, 143(1-2): 13-29.

Girona J, Mata M, Fereres E, et al. 2002. Evapotranspiration and soil water dynamics of peach trees under water deficits[J]. Agricultural Water Management, 54: 107-122.

Gonzalez-Benecke C A, Martin T A, Cropper W P. 2011. Whole-tree water relations of co-occurring mature *Pinus palustris* and *Pinus elliottii* var. *elliottii*[J]. Canadian Journal of Forest Research, 41(3): 509-523.

Granger R J. 2000. Satellite-derived estimates of evapotranspiration in the Gediz basin[J]. Journal of Hydrology, 2(29): 70-76.

Granier A, Anfodillo T, Sabatti M, et al. 1994. Axial and radial water flow in the trunks of oak trees: A quantitative and qualitative analysis[J]. Tree Physiology, 14(12): 1383-1396.

Granier A, Biron P, Lemoine D. 2000. Water balance, transpiration and canopy conductance in two beech stands[J]. Agricultural & Forest Meteorology, 100: 291-308.

Granier A, Huc R, Barigah S T. 1996. Transpiration of natural rain forest and its dependence on climatic factors[J]. Agricultural & Forest Meteorology, 78: 19-29.

Greenwood E A N, Beresford J D. 1979. Evaporation from vegetation in landscapes developing secondary salinity using the ventilated-chamber technique technique I. Comparative transpiration from juvenile eucalyptus above saling ground-water seeps [J]. Journal of Hydrology, 42: 369-382.

Grusev Y M, Nasonova O N. 1997. Modelling annual dynamics of soil water storage for agro- and natural ecosystems of the steppe and forest-steppe zones on a local scale[J]. Agricultural & Forest Meteorology, 85 (3/4): 171-191.

Hatfield J L, Perrier A, Jackson R D. 1983. Estimation of evapotranspiration at one time-of-day using remotely sensed surface temperatures[J]. Agricultural Water Management, 7 (1-3): 341-350.

Hatton T J, Vertessy R A. 1990. Transpiration of plantation *Pinus radiata* estimated by the heat pulse method and the bowen ratio[J]. Hydrological Processes, (4): 289-298.

Hatton T J, Wu H I. 1995. Scaling theory to extrapolate individual tree water use to stand water use[J]. Hydrological Processes, 9: 527-540.

Holbrook N M, Burns M J, Field C B. 1995. Negative xylem pressure in plants: A test of the balancing pressure technique[J]. Science, 270(17): 1193-1194.

Holmes J W. 1984. Measuring evapotranspiration by hydrological methods[J]. Agricultural Water Management, 8: 29-40.

Howell T A, Steiner J L, Schneider A D, et al. 1994. Evapotranspiration of irrigation winter wheat, sorghum, and corn[J]. Transaction of the ASAE, 38(3): 745-759.

Howell T A, Steiner J L, Schneider A D, et al. 1997. Seasonal and maximum daily evapotranspiration of irrigated winter wheat, sorghum, and corn-southern high plains[J]. Transactions of the ASAE, 40(3): 623-634.

Howell T A, Tolk J A, Schneider A D, et al. 1998. Evapotranspiration, yield, and water use efficiency of corn hybrids differing in maturity[J]. Agronomy Journal, 90: 3-9.

Huband N D S, Monteith J L. 1986. Boundary-Layer Meteorology[M]. Berlin: Springer-Verlag Press.

Jarvis P G. 1976. The interpretation of the variations in leaf water potential and stomatal conductance found in canopies in the field[J]. Philosophical Transactions of the Royal Society B Biological Sciences, 273(927): 593-610.

Jennen M E, Burman R D, Allen R G. 1990. Evapotranspiration and irrigation water requirement: ASCE Manuals and Reports on Engineering Practice[M]. New York: ASCE.

José J S, Montes R, Nikonova N. 2007. Seasonal patterns of carbon dioxide, water vapour and energy fluxes in pineapple[J]. Agricultural and Forest Meteorology, 147(1-2): 16-34.

Kline JR, Martin J R, Jordan C F, et al. 1970. Measurement of transpiration in tropical trees using tritiated water[J]. Ecology, 5(6): 1068-1073.

Kim C P. 1998. Impact of soil heterogeneity in a mixed-layer model of the planetary boundary layer[J]. Hydrologicasl Sciences Journal, 43(4): 633-658.

Kite G W, Droogers P. 2000. Comparing evapotranspiration estimates from satellites, hydrological models and field data[J]. Journal of Hydrology, 229: 318.

Knight D H, Fahey T J, Running S W, et al. 1981. Transpiration from 100-yr-old lodgepole pine forests estimated with whole-tree potometers[J]. Ecology, 62(3): 717-726.

Kumagai T, Katul G G, Saitoh T M, et al. 2004. Water cycling in a Bornean tropical rain forest under current and projected precipitation scenarios [J]. Water Resources Research, 40: w01104.

Kume T, Komatsu H, Kuraji K, et al. 2008. Less than 20-min time lags between transpiration and stem sap flow in emergent trees in a Bornean tropical rainforest[J]. Agricultural and Forest Meteorology, 148(6/7): 1181-1189.

Kume T, Takizawa H. 2007. Impact of soil drought on sap flow and water status of evergreen trees in a tropical monsoon forest in northern Thailand[J]. Forest Ecology and Management, 238: 220-230.

Kustas W P, Schmugge T J, Hipps L E. 1996. On using mixed 2 layer transport parameterizations with radiometric surface temperature for computing regional scale sensible heat flux[J]. Boundary Layer Meteorology, 80: 205-221.

Li S G, Eugster W, Asanuma J, et al. 2006. Energy partitioning and its biophysical controls above a grazing steppe in central Mongolia [J]. Agricultural and Forest Meteorology, 137(1-2): 89-106.

Marshall D C. 1958. Measurement of sap flow in conifers by heat transport [J]. Plant Physiology, 33: 385-396.

Manuel W T, Francesc I C. 2000. Simplifying diurnal evapotranspiration estimates over short full-canopy crops[J]. Agronomy Journal, 92: 628-632.

Mcllroy I C. 1984. Terminology and concepts in natural evaporation[J]. Agricultural Water Management, 8: 77-98.

Oltchev A, Constantin J, Gravenhorst G, et al. 1996. Application of a six-layer SVAT model for simulation of evapotranspiration and water uptake in a spruce forest[J]. Physics and Chemistry of the Earth, 21(3): 195-199.

Pataki D E, Oren R, Katul G, et al. 1998. Canopy conductance of *Pinus taeda*, *Liquidambar styraciflua* and *Quercus phellos* under varying atmospheric and soil water conditions[J]. Tree Physiology, 18: 307-315.

Pauwels V R N, Samson R. 2006. Comparison of different methods to measure and model actual evapotranspiration rates for a wet sloping grassland[J]. Agricultural Water Management, 82(1-2): 1-24.

Peramaki M, Nikinmaa E, Sevanto S, et al. 2001. Tree stem diameter variations and transpiration in scots pine: An analysis using a dynamic sap flow model[J]. Tree Physiology, 21: 889-897.

Philip J R. 1996. Plant water relations: Some physical aspects[J]. Annual Review of Plant Physiology, 17: 245-268.

Pockman W T, Sperry J S, O' Leary J W. 1995. Sustained and significant negative water pressure in xylem[J]. Nature, 378(14): 715-716.

Poore M E D, Fries C. 1985. The ecological effects of Eucalyptus//FAO Forestry Paper No. 59[A]. Rome: FAO.

Rana G, Katerji N. 2000. Measurement and estimation of actual evapotranspiration in the field under Mediterranean climate: A review[J]. European Journal of Agronomy, 13 (2/3): 125-153.

Roberts J M. 1997. The use of tree-cutting techniques in the study of the water relations of mature *Pinus sylvestris* L. [J]. Journal of Experimental Botany, 28(3): 751-767.

Rosenberg N J, Blad B L, Verma S B. 1983. Microclimate: the biological environment[M]. New York: Wiley-Interscience Press.

Schmid H P. 1994. Source areas for scalars and scalar fluxes[J]. Boundary-Layer Meteorology, 67(3): 293-318.

Schulze E D. 1986. Carbon dioxide and water vapor exchange in response drought in the atmosphere and in the soil[J]. Annual Review of Plant Physiology, 37: 247-274.

Schulze E D, Cermak J, Matyssek R, et al. 1985. Canopy transpiration and water fluxes in the xylem of the trunk of Larix and Picea trees-a comparison of xylem flow, porometer and cuvette measurements[J]. Oecologia (Berlin), 66: 475-483.

Scott R, Entekhabi D, Koster R, et al. 1997. Time scales of land surface evapotranspiration response [J]. Journal of Climate, 10(4): 559-566.

Shuttleworth W J, Leuning R, Black T A, et al. 1989. Micrometeorology of temperate and tropical forests[J]. Royal Society of London Philosophical Transactions, 324: 299-334. .

Snyder K A, Richards J H, Donovan L A. 2003. Night-time conductance in C_3 and C_4 species: Do plants lose water at night[J]. Journal of Experimental Botany, 54: 861-865.

Singh P, Kumar R. 1993. Evapotranspiration from wheat under a semi-arid climate and a shallow water table[J]. Agricultural Water Management, 23: 91-108.

Smith A M. 1994. Xylem transport and the negative pressures sustainable by water[J]. Annals of Botany, 74: 647-651.

Stannard D I, Blanford J H, Kustas W P, et al. 1994. Interpretation of surface flux measurements in heterogeneous terrain during the Monsoon '90 experiment [J]. Water Resources Research, 30: 1227-1239.

Steiner J L, Howell T A, Schneider A D. 1991. Lysimetric evaluation of daily potential evapotranspiration model for grain sorghum[J]. Agronomy Journal, 83: 240-247.

Su Z. 2002. The Surface Energy Balance System (SEBS) for estimation of turbulent heat fluxes[J]. Hydrology and Earth System Sciences Discussions, 6(1): 85-100.

Sun X M, Zhu Z L, Wen X F, et al. 2006. The impact of averaging period on eddy fluxes observed at ChinaFlux sites[J]. Agricultural and Forest Meteorology, 137: 188-193.

Swanson R H, Whitfield D W A. 1981. A numerical analysis of heat pulse velocity theory and practice[J]. Journal of Experimental Botany, 32: 221-239.

Swinbank W C. 1951. The measurement of vertical transfer of heat and water vapor by eddies in the lower atmosphere[J]. Journal of Meteorology, 8: 135-145.

Todd R W, Evett S R, Howell T A. 2000. The bowen ratio-energy balance method for estimating latent heat flux of irrigated alfalfa evaluated in a semi-arid, advective environment[J]. Agicultural and Forest Meteorology, (103): 335-348.

Tolk J A, Howell T A, Evett S R. 1998. Evapotranspiration and yield of corn grow on three high plains soils [J]. Agronomy Journal, 90: 447-454.

Testi L, Villalobos F J, Orgaza F. 2004. Evapotranspiration of a young irrigated olive orchard in southern Spain[J]. Agricultural and Forest Meteorology, 121(1-2): 1-18.

Tyagi N K, Sharma D K, Luthra S K. 2000. Determination of evapotranspiration and crop coefficients of rice and sunflower with lysimeter[J]. Agricultural Water Management, 45(1): 41-54.

Twine T E, Kustas W P, Norman J M, et al. 2000. Correcting eddy-covariance flux underestimates over a grassland[J]. Agricultural and Forest Meteorology, 103: 279-300.

Unland H E, Houser P R, Shuttleworth W J, et al. 1996, Surface flux measurements and modeling at a semi-arid Sonoran Desert site [J]. Agricultural and Forest Meteorology, 82(1-4): 119-153.

Verma S B, Rosenberg N J, Blad B L, et al. 1976. Resistance-energy balance method for predicting evapotranspiration: Determination of boundary layer resistance and evaluation of error effects[J]. Agronomy Journal, 68: 776-782.

Wang J F, Bras R L. 2009. A model of surface heat fluxes based on the theory of maximum entropy production[J]. Water Resources Research, 45(11): 130-142.

Wang J F, Bras R L. 2011. A model of evapotranspiration based on the theory of maximum entropy production [J]. Water Resources Research, 47(3): 77-79.

Waring R H, Whitehead D, Jarvis P G. 2006. The contribution of stored water to transpiration in scots pine [J]. Plant, Cell and Environment, 2(4): 309-317.

Werk K S. 1988. Performance of two *Picea abies* (L.) Karst. stands at different stage of decline Ⅲ. Canopy transpiration of green trees[J]. Oecologia, 76: 519-524.

Wilson K B, Hanson P J, Mulholland P J, et al. 2001. A comparison of methods for determining forest evapotranspiration and its components: sap flow, soil water budget, eddy covariance and catchment water balance[J]. Agricultural and Forest Meteorology, 106(2): 153-168.

Wullschleger S, Meinzer F C, Vertessy R A. 1998. A review of whole-plant water use studies in trees[J]. Tree Physiology, 18: 499-512.

Zhao P, Rao X Q, Ma L, et al. 2006. The variations of sap flux density and whole-tree transpiration across individuals of *Acacia mangium* [J]. Acta Ecologica Sinica, 26 (12): 4050-4058.